老旧小区改造理论与实践系列丛书

城市更新行动下
老旧小区自主更新研究

RESEARCH ON AUTONOMOUS RENEWAL OF OLD URBAN
RESIDENTIAL AREAS IN URBAN RENEWAL ACTION

王贵美　何炜达　著

中国建筑工业出版社

图书在版编目（CIP）数据

城市更新行动下老旧小区自主更新研究 = RESEARCH ON AUTONOMOUS RENEWAL OF OLD URBAN RESIDENTIAL AREAS IN URBAN RENEWAL ACTION / 王贵美，何炜达著. 北京：中国建筑工业出版社，2024.12. --（老旧小区改造理论与实践系列丛书）. -- ISBN 978-7-112-30636 -7

Ⅰ. TU984.12

中国国家版本馆CIP数据核字第2025SH1266号

责任编辑：朱晓瑜
责任校对：张　颖

老旧小区改造理论与实践系列丛书
城市更新行动下老旧小区自主更新研究
RESEARCH ON AUTONOMOUS RENEWAL OF OLD URBAN
RESIDENTIAL AREAS IN URBAN RENEWAL ACTION
王贵美　何炜达　著

*

中国建筑工业出版社出版、发行（北京海淀三里河路9号）
各地新华书店、建筑书店经销
北京建筑工业印刷有限公司制版
北京市密东印刷有限公司印刷

*

开本：787毫米×1092毫米　1/16　印张：11¼　字数：212千字
2025年2月第一版　　2025年2月第一次印刷
定价：**59.00**元
ISBN 978-7-112-30636-7
（44109）

自全面深入推进城镇老旧小区改造工作以来，我国各地都取得了显著成效，居民的获得感、幸福感、安全感持续上升，城市也变得更加美好宜居。但随着经济水平的提高，居民对美好生活的需要也在不断提升，当前城镇老旧小区改造中采取的综合整治模式依然难以解决建筑结构老化、建设标准低、规划配套不足等问题。从长远来看，综合整治后的城镇老旧小区，仍将面临住宅使用年限的问题，可能会出现建筑结构安全隐患、消防安全隐患等，且其功能也将难以满足居民现代化生活需求。届时，我们将面临更庞大的改造规模和更艰巨的改造挑战。

因此，在当前城市发展从建设转向管理的提能升级阶段，应逐步摆脱过去由政府财政兜底的城镇老旧小区改造模式，结合项目条件成熟、居民意愿强烈、改造资金允许等基础条件，积极探索新的改造模式。近年来，不少城市针对存在结构安全隐患的危旧房，开始探索由居民出资实现原拆原建，真正将居民置于主体地位，变"要我改"为"我要改"。这些打破惯例的危旧房整治探索实践，为城镇老旧小区改造模式的迭代升级指明了方向，即城镇老旧小区改造应该逐步提高居民出资的比例，而降低政府补贴比例，最终实现真正的城镇老旧小区自主更新。

在这一过程中，地方应积极引导，因地制宜地创新政策，探索适用不同基础条件的城镇老旧小区自主更新模式类型，完善适应存量更新时代的保障机制，这能够为转变居民出资意识、发挥居民主体作用、践行人民城市理念提供有力支撑。

在稳步实施城市更新行动的背景下，探索城镇老旧小区自主更新意义重大，本书通过总结当前国内几个典型项目案例的实践经验，分析当下我国自主更新模式推进存在的难点，并参考国内外既有住宅更新的先进经验，提出适应我国国情的自主更新解决策略。希望本书的研究能为自主更新模式推进提供理论和实践参考，同时也希望抛砖引玉，激发更多行业学者关注城镇老旧小区改造更新，从而为该项工作提出更多有针对性的新思路、新理念。

　　作者在撰写过程中翻阅了大量的国内外文献，并对杭州、武汉、广州、成都、泸州、合肥等城市的城镇老旧小区更新项目进行了实地调研，听取了居民、基层工作者、相关部门的意见，对研究进行了完善和补充。因作者的研究水平及撰稿时间有限，书中疏漏实难避免，诚挚恳请专家、学者不吝批评和指正，亦热忱欢迎诸位同行交流探讨，共促成长。

2025年1月于杭州

第一章

绪　论

随着我国城市发展进入存量更新时代，2019年我国开始全面推进城镇老旧小区改造，并提出到"十四五"期末，结合各地实际，力争基本完成2000年底前建成的需改造的城镇老旧小区。城镇老旧小区改造作为城市更新的重要工程，能够大大改善居民的居住环境，有力支持城市的质量提升，充分发挥城市的潜能和效益，提高社区居民的生活质量和幸福感，对未来城市建设和发展规划意义重大。我国2000年以前建成的城镇老旧小区多为公房、"房改房"，数量庞大，多因为建设年代早、建设标准相对较低，逐渐出现了设施设备落后、功能配套不全、失养失修失管等问题，已不能够满足新时期人民群众对美好生活的需求。

党中央、国务院高度重视这项民生工程，作出推动城镇老旧小区改造的一系列重大决策，出台多项政策文件。习近平总书记在中央经济工作会议、中央城市工作会议上多次对城镇老旧小区改造作出重要指示。国务院《政府工作报告》连续7年专门提出工作要求。2024年全国住房城乡建设工作会议、2024年全国城镇老旧小区改造工作会议都对城镇老旧小区改造工作作出了重要部署和要求。

临近"十四五"的收官之际，城镇老旧小区改造工作取得了切实成效，成为我国覆盖规模最大、资金投入最多、改造力度最深的一次城镇住宅综合整治工作。当前城镇老旧小区改造工作，从组织形式看，以政府为主导；从资金来源看，以财政投资为主；从改造程度看，主要是在城镇居住区建筑生命周期范围内，不突破现有规范体系下，所采用的一种适时的修复、补救和提升行动。然而这种改造模式也存在着一些问题：一是小区空间布局不合理、既有建筑结构老化、抗震设防标准较低、室内空间居住舒适度等根本性问题难以彻底解决；二是大量建于20世纪八九十年代的建筑进入寿命末期，安全隐患将不断增加，若延续原有政府主导的改造模式，财政将不堪重负；三是居民对于居住的需求在不断变化提升，若继续被动式接受改造，其决策权难以被满足，居民主体性地位无法强化，从长效管理上而言，居民也难有动力营造良好的社区自治氛围。

在当前稳步推进城市更新行动中，国家强调要推动"住有所居"向"住有宜居"转变，让人民住上"好房子、好小区、好社区、好城区"，为人民群众创造高品质美好生活空间。因此，无论是从民意导向出发，还是从政府职能出发，探索新的城镇老旧小区改造路径已经势在必行。目前，全国多个地方如浙江、广东等地开始尝试以居民出资的方式实现家园的拆除翻建，这种称之为"自主更新"的改造模式是对原有城镇老旧小区改造模式的创新，这一探索对于深化传统改造模式、推动危房解危、提高群众居住水平具有先行示范意义，同时在坚持"房住不炒"政策下，自主更新对于减轻政府财政压力、拉动消费和投资、优化城市空间结构等都具有积极的推进作用。

然而，要在全国范围内推动城镇老旧小区自主更新依然面临着新的挑战，这一改造模式在我国大陆地区未有先例，对其研究较为匮乏；同时我国现有的住房规划建设体制机制、法律规范是在增量市场中建立的，并不完全适用于存量更新时代；当下居民虽然逐渐有参与的意识，但自主更新过程中居民的出资意识依然有待培育。结合上述原因，本书展开了城市更新行动下城镇老旧小区自主更新模式研究，以期为推动实现城市高质量发展建言献策。本书具体分为以下篇章：

第一章：绪论。简要回顾我国城镇老旧小区改造工作及存在的障碍，阐述我国城镇老旧小区自主更新模式提出的背景。

第二章：我国城镇老旧小区的现状特征。系统梳理我国城镇老旧小区的形成、城镇住房技术规范的调整过程，以及我国城镇老旧小区改造的历程。

第三章：国内外既有住宅更新的经验。阐述既有住宅更新的相关理论体系，并分析日本、英国、新加坡，以及我国台湾、北京、南京、武汉等地区在既有住宅更新方面的实践经验、政策制度和激励举措，总结出可供本书借鉴的先进做法。

第四章：我国城镇老旧小区自主更新模式探索。提出自主更新模式的概念，通过对广州和杭州等城市城镇住宅拆除重建的案例研究，探索适用不同基础条件的自主更新模式类型，分析影响自主更新模式实施的因素。

第五章：城镇老旧小区自主更新路径和创新策略。从政府引导居民主体、项目生成、优化规划政策、资金筹措和监管、项目管理、可持续运营等多个方面提出城镇老旧小区自主更新模式的创新实施路径。

第六章：结论与展望。对本书内容进一步总结，分析当前研究的不足，对未来进一步推动城镇老旧小区改造自主更新工作、助力城市高质量发展提出展望。

我国城镇
老旧小区的现状特征

要深入探讨我国城镇老旧小区改造，应从城镇老旧小区的形成和特征入手研究。自新中国成立以来，我国经历了住房制度和土地制度的巨大变革，住房设计规范也经历了从无到有、从不成套到成套的过程。因此，我国居住区建设有了巨大变化，这也导致我国2000年以前建成的城镇老旧小区的情况较为复杂。根据住房和城乡建设部在2020年的摸底调查，全国2000年底以前建成的城镇老旧小区大概有22万个，涉及居民近3900万户[1]。

第一节　我国城镇老旧小区的形成

一、改革开放前：服从工业生产的住宅建设

学界认为，1949—1978年的中国住宅规划设计思想发展基本上是围绕工业化发展服务、以苏联模式为蓝本的波动[2]。

新中国成立后，我国在计划经济体制下逐步建立了以福利分房为主的住房体系，在城镇范围内实行福利性质的住房分配，以国家统包、无偿分配、广覆盖、低租金、低居住水平和无限期使用为主要特点[3]。

"一五"时期，新工业城市和新工业区成为城市建设的重点，配合工业区建设的工人新村和工厂生活区成为城市住宅区发展的主要形式。国家对职工采取实物发放的福利，也包括住房。当时，我国的建筑设计主要参照苏联，大量采用标准设计图，并于1956年编制出版第一批全国通用建筑标准设计图集；我国的居住区规划借鉴苏联的"街坊"模式，这种居住区的特征可以概括为：街坊占地一般达5~6hm²；空间布局由四条道路包围，住宅沿周边布置，围合成中心庭院；配备有托儿所等日常性公共服务设施；建筑楼层为3~4层；建筑外观设计参照了苏联方案，而在细节上装饰着简化的中国传统样式[4]。

1958年开始，居住小区规划思想得以在城市建设中应用，一般采用居住小区—住宅组团两级结构。

1966年开始，全国各级建设部门一度停摆，由于受到重工业发展、节约资金的影响，同时为解决大量工人居住问题，全国各地都建设了一些标准较低的住宅，由此出现了一批简易楼、筒子楼等具有时代特征的住宅类型，见图2-1。这类小区的特征如下：户型面积较小，存在共用厨房和厕所的情况；公共服务设施缺乏。

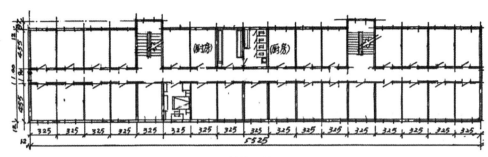

图2-1 某筒子楼平面图

（来源:《中国住房60年（1949—2009）往事回眸》）

1973年，城镇居住面积标准相比1966年略有提升，但依然以居室数来控制住宅的建筑面积，由于每户住宅面积偏低，住宅单元类型以短外廊较为多见，通常是一梯四个两室户，厕所合用，厨房单独使用。此外，由于当时城镇人口快速增加，且大量知青返回城市，为缓解居民住房困难，北京、上海等大城市开始试点建设高层住宅，层数在12～16层[5]，采用连廊式，配电梯，大多数都是底层商业、上部住宅的形式。这一阶段，独门独户的居住理念形成，但厨房和厕所面积较小，户均面积依然较小。

总体而言，改革开放以前的城镇住宅建设是为了实现居民最基本的"一人一张床"的居住目标，且一般根据标准图集设计，住宅形式和户型较为单一，大多数住宅为砖混结构，采用预制楼板建设，导致住宅开间以"3模"（3m，即3000mm）为主，大小只能为2.7m、3.0m、3.3m等几个固定尺寸，户型设计十分受限[6]，同时建设主体一般为单位，土地由国家按计划划拨，而单位则见缝插针挖潜建设改造，内部设施建设维护均由单位自给自足。

二、20世纪80年代：居住区规模向大型化发展

党的十一届三中全会后，我国住房制度开始试点改革，"住房是非生产性建设"思想提出，并开始探索住房商品化。1978年召开的城市住宅建设会议提出，要充分调动国家、地方、企业和群众多方主体的积极性，宣传动员社会各方力量加入城市住宅建设中来[7]。

为了适应当时城市建设和住房制度改革的需要，对住宅建设进行统一规划、组织和管理，地方住宅统建办公室陆续成立，这也成为房地产开发公司的前身。如1978年，渝开发集团的前身重庆市城市住宅统建办公室设立，武汉地产集团的前身武汉市住房统建办公室也同年成立；1979年，宋都地产的前身杭州市江干区住宅统建办公室成立；1980年，北京市住房统建办公室挂牌，并成立了北京城

市开发总公司。这些住房统建办公室按照政府的规划和安排进行片区综合开发，建设住宅区，用于旧城改造及居民安置，或由各种单位来购买住房作为福利分配给职工居住。与此同时，单位和企业可以根据自身能力建设住房，改善职工的居住条件。

1978年后，业界形成了"居住区—小区—居住组团"三级结构的共识。即以小学作为确定居住小区规模的依据，以居委会为核心组成住宅组团，由3~5个住宅组团组成一个用地16~20hm²，总人数约1万人的居住小区，由3~5个小区组成一个较大型的居住区[7]。根据居住区的规模和所处的地段，按千人指标合理配置一定的公共设施，以满足居民生活需求，同时注重组团形式的变化和整体居住环境的建设。住宅室内功能布局开始日趋完备，一改过去"公用厕所、楼道做饭"的局面，每户开始设置卫生间、厨房、客厅、餐厅，单元楼也逐渐取代了"筒子楼"。

比如，杭州市首个大型居住区——朝晖居住区就在这一阶段正式开工建设（图2-2），并于1995年全部建造完工。该居住区建造时间不一、建造主体不同，涉及多个单位，房屋建筑面积从20多平方米到七八十平方米不等，质量也参差不齐，居住区共包含9个小区、400余幢住宅，有100余万平方米的总建筑面积，居民1.15万户，建造主体多为国家或者单位，并通过福利分房制度分配给职工。

图2-2　杭州市朝晖居住区

1980年，部分城市开始实行商品房试点开发。深圳罗湖的东湖丽苑小区成为最早的商品房试点项目，由深圳市政府出让土地使用权，我国香港地区的商人提供建楼所需资金并负责销售。项目包含的建筑形态更丰富，并配有幼儿园、游乐场等公共服务设施[8]，成为全国第一个有物业管理的小区。截至1981年3月，全国有128个城市和部分县镇开始私人购买、建设住宅。

1988年，国务院住房制度改革领导小组召开第一次全国性住房制度改革工作会议，发布《国务院关于印发在全国城镇分期分批推行住房制度改革实施方案的通知》（国发〔1988〕11号），明确提出要实现住房商品化，住房问题要由实物分配走向货币分配，至此以"实行住房商品化，推动住房的社会化、专业化、企业化经营，搞活房地产市场"为目标的城镇住房体制改革正式开始。

与此同时，城镇土地制度也在逐步改革。1982年，深圳率先实行土地有偿使用，收取土地使用费，开启了城镇土地使用制度改革的先河。1987年，深圳、上海等地进行土地使用权出让试点，通过拍卖、招标等方式将土地使用权出让给开发商，标志着城镇土地市场的初步形成。1986年，《中华人民共和国土地管理法》颁布，明确了国家实行土地有偿使用制度。1988年，《中华人民共和国宪法》规定土地的使用权可以依照法律的规定转让。这也为后续社会化住宅供给提供了法律依据。1986年之后，我国城镇新建住宅面积开始大幅提升，见图2-3。

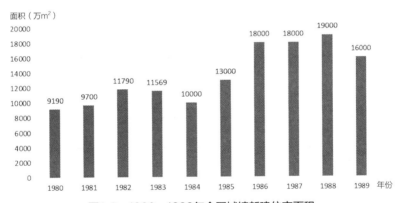

图2-3　1980—1989年全国城镇新建住宅面积

数据来源：国家统计局

不过，这一阶段属于住房改革的探索时期，住宅区建设依然以国有企业、单位为主，居民购买自有住房情况相对较少。

三、20世纪90年代：商品房和经济适用房发展

进入20世纪90年代，住房改革在全国各地逐渐铺开。1991年10月，第二届全国住房改革会议宣布，鼓励租房者以分期付款的方式购房，加大用于直接销售的住房的比例。

这一系列改革促使房地产市场迅速发展，各地对城镇住宅土地的需求大幅增

加，推动了土地制度改革的进一步深化。同时，全国房地产企业数量迅速增加，市场规模不断扩大。1992年也是房地产业急剧发展的一年，全国房地产公司从当年5月的不到4000家跃升至年底的1.2万家，全国商品房房价普遍比1991年涨了50%以上[9]。

1994年，发布《国务院关于深化城镇住房制度改革的决定》（国发〔1994〕43号），提出稳步出售公房，职工可按成本价或标准价购买公有住房；同时提出加快经济适用房的开发建设。这个阶段开始，此前的一些福利分房住宅由职工购入转为"房改房"。

1998年，发布《国务院关于进一步深化城镇住房制度改革加快住房建设的通知》（国发〔1998〕23号），停止住房实物分配，逐步实行住房分配货币化；建立和完善以经济适用住房为主的多层次城镇住房供应体系。除了继续推行现有公有住房出售工作，规范出售价格，此前的"房改房"也允许上市交易。

1994年和1998年发布的两大政策对于我国城镇住宅建设的刺激较为明显，1995年和1999年我国城镇新建住宅面积涨幅较高，分别达到65%和25%，见图2-4。

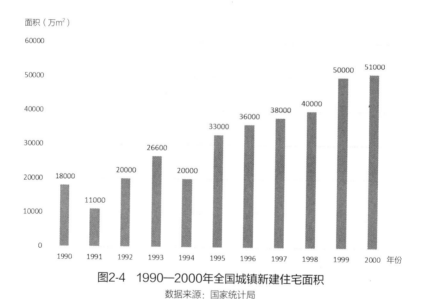

图2-4　1990—2000年全国城镇新建住宅面积
数据来源：国家统计局

1998年之后，全国经济适用房也开始大量兴建，从1998年到2000年，经济适用房新开工房屋面积占到全国住宅新开工房屋面积的20%以上，见图2-5。如北京的天通苑等均是这一阶段开始建造的经济适用房社区。

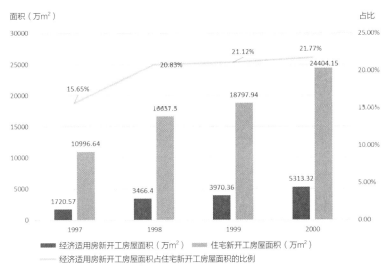

图2-5　1997—2000年经济适用房新开工房屋面积及占比

数据来源：前瞻数据库

20世纪90年代的住宅依然以多层单元楼为主，一般不配备电梯，在建筑结构上，框架结构开始增加，也有部分砖混结构，同时户型开始追求"一人一间房"的居住标准，出现餐、居、寝分离，面积较20世纪80年代明显增加，甚至出现了100多平方米的大户型，居住条件更为舒适。但由于当时小区的安防措施较少，居民一般会采取"防盗窗"，同时随着居民生活水平的提高，又出现了私拉飞线、安装空调架等情况，外立面较为杂乱。

第二节　城镇住房技术规范日益健全

在过去的数十年，我国居住区开发方式和建设模式越来越多元，住宅建筑形式、居住需求也在不断变化。与此同时，全国和地方结合实际情况，住宅技术规范、设计标准、抗震设计、防火规范等经历了不断调整和完善的过程，这也导致老旧小区与现有规范标准差距较大，逐渐暴露出其建筑标准不高、抗震设防要求低、消防安全保障不健全、配套设施不齐全等先天问题。

一、住宅设计规范调整

在住宅建筑设计标准方面，我国根据不同时期的经济状况和需求变化，也经历了不断变更的过程。我国到20世纪50年代中期才开始有建筑设计规范，其中，居住住宅建筑设计只是其中很小的一部分[10]。国家出台的一系列文件重点对居民户型面积作出了规定。1966年，国家建委批转建筑工程部《关于住宅、宿舍建筑标准的意见》，提出人均居住面积不超4m²，每户居住面积不超18m²的规定，同时进一步压低造价和降低质量[11]。1973年，国家建委颁发的《对修订职工住宅、宿舍建筑标准的几项意见》中提到：住宅平均每户建筑面积为34～37m²，严寒地区为36～39m²。同时，该意见还规定宿舍住宅以楼房为主，大中城市为4～5层，单方造价南方、北方和严寒地区分别控制为不超过55元、65元、80元，以造价严控住宅建设标准。

改革开放前，严控居住面积导致了城镇居民人均居住面积的下降。据1977年底统计，全国190个城市平均每人居住面积仅为3.6m²，针对当时城镇住房紧张、缺房户数量多的情况，1978年10月，国务院批转国家建委《关于加快城市住宅建设的报告》（国发〔1978〕222号）提出，住宅设计标准，每户平均建筑面积一般不超过42m²。如采用大板、大模等新型结构，可按45m²设计。省直以上机关、大专院校和科研、设计单位的住宅，每户平均建设面积不得超过50m²。各城市应根据自身情况确定住宅层数，一般以四、五层和五、六层为宜，大、中城市可视具体条件，在临街或繁华地段建造一些高层住宅。同时也提到要大力推广多样化的住宅标准设计。

1981年，针对多数地区反映1978年的标准偏低的情况，国家建委在《关于对职工住宅设计标准的几项补充规定》中，将住宅按照面积标准分为四类设计：一类厂矿职工住宅平均每户建筑面积为42～45m²；二类一般城市居民住宅平均每户建筑面积为45～50m²；三类县、处级干部住宅平均每户建筑面积为60～70m²；四类局级以上干部住宅平均每户建筑面积为80～90m²。住宅层高一般为2.8m。凡需设有电梯的高层住宅，其平均每户建筑面积可增加6m²。

1983年颁布的《国务院关于严格控制城镇住宅标准的规定》（国发〔1983〕193号）明确指出，近期内，城镇住房只能是低标准的，全国城镇和各工矿区住宅均应以中小户型（一至二居室一套）为主，平均每套建筑面积应控制在50m²以内。同时提倡以建一、二类住宅为主，在住宅紧张的城市和单位，应暂缓建设三、四类住宅。1990年，发布《建设部、国家计委关于贯彻执行〈国务院关于严格控制城镇住宅标准的规定〉补充意见的通知》，要求"八五"期间乃至今后一段时间内，住宅建筑仍应以中小户型为主，平均每套住宅的建筑面积控制在50m²以内。同时，对住宅的装修和设备标准、层数、节约土地、工程质量、解决居住问题重点以及监督检查等方面也提出了具体要求和指导意见，提出以建多层为主，控制高层建设。这一规定对当时一段时间内我国城镇住宅建设的方向和标准均起到了指导作用，见图2-6。

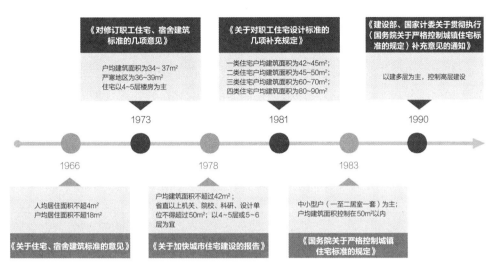

图2-6 我国住宅建筑设计标准变化

在住宅建筑设计规范方面，20世纪50年代没有专门的住宅设计规范，仅有建筑设计规范，而居住建筑仅仅是民用建筑设计规范的一部分，居住建筑有住宅、宿舍、旅馆等类型，划分有面积、层高和日照，但并不详细。1986年，我国推出了住宅建筑设计的国家标准。1996年，由中国建筑技术研究院等单位编制的《城市住宅建设标准》发布，住宅的套型应有适当的比例，应以二类变型为主，三、四类套型总数的比例不宜超过20%，全国城市新建住宅工程项目平均每套建筑面积应控制在55～60m²，使用面积为40～45m²，这为住宅标准从重视"居住面积"转向重视"使用面积"提供依据。1999年，为适应居民生活发展需求，《住宅设计规范》GB 50096—1999发布，修订的内容包括：住宅套型分类及各房间最小使用面积，技术经济指标计算，楼电梯及垃圾道的设置等；扩展了室内环境和建筑设备的内容。2000年以后，《住宅设计规范》又经历了两次修订，见表2-1。

国家住宅建筑设计技术规范调整 表2-1

发布时间	文件名
1986年	《住宅建筑设计规范》GBJ 96—1986
1996年	《城市住宅建设标准》
1999年	《住宅设计规范》GB 50096—1999
2003年	《住宅设计规范》GB 50096—1999（2003年版）
2011年	《住宅设计规范》GB 50096—2011

二、居住区规划设计调整

我国城市居住区的实践始于20世纪50年代后期，原国家经委、原国家建委分别于1964年和1980年颁布有关城市规划的文件，对城市居住区规划的部分定额指标作了规定，包括：居住建筑技术指标、居住区和居住小区的用地指标、建筑密度指标和公共建筑定额，见表2-2，但是这个阶段居住区主要是国家或国有单位在划拨用地上建造而成，要求较低且指标不具体。

《城市规划定额指标暂行规定》中的小区定额指标 　　　　表2-2

项目	平均每居民用地（m²）
居住用地（住宅层数按4~6层计）	8~11
小区级公共建筑用地	3.5~5
小区级公共绿地	1~2
小区级道路用地	1~3
其他用地	1
合计	14.5~22

直至1993年，我国才有了划时代的居住区相关的国家标准——《城市居住区规划设计规范》GB 50180—1993，成为普及率最高的标准之一，对居住区配套设施建设有了明确要求。直到《城市居住区规划设计标准》GB 50180—2018提出了精细化管控要求，强化了生活圈概念，强调配套设施用地及建筑面积控制指标，体现合理化、人性化规划的特点，见表2-3。

由于20世纪90年代之前的住宅区规划设计规范处于空白状态，由各建设单位根据划拨地的定额指标建设，导致居住区建造的绿地率、停车位和配套设施建设缺乏规范指导，存在着严重不足或缺失、建设混乱的情况。20世纪90年代的住宅区虽然有相应的规划，然而随着居民生活水平提高，越来越注重文化、休闲、娱乐等活动，同时居民机动车保有量一直在增加，而老旧小区当时的公服配套设施建设要求的配建指标和停车位配比已经难以满足现今需要。

国家住宅绿地率和设施配套要求调整 　　　　表2-3

指标类型	文件名	内容表述
绿地率	《城市居住区规划设计规范》GB 50180—1993	新区建设绿地率不应低于30%；旧区改建绿地率不宜低于25%

续表

指标类型	文件名	内容表述
停车位/户比	《城市居住区规划设计规范》GB 50180—1993	居民汽车停车率不应小于10%；居住区内地面停车率（居住区内居民汽车的停车位数量与居住户数的比率）不宜超过10%
配套设施	《城市居住区规划设计规范》GB 50180—1993	居住区公共服务设施（也称配套公建）应包括：教育、医疗卫生、文化体育、商业服务、金融邮电、社区服务、市政公用和行政管理及其他八类设施
	《城市居住区规划设计标准》GB 50180—2018	15分钟生活圈居住区配套设施中，文化活动中心、社区服务中心（街道级）、街道办事处等服务设施宜联合建设并形成街道综合服务中心，其用地面积不宜小于1hm²；5分钟生活圈居住区配套设施中，社区服务站、文化活动站（含青少年、老年活动站）、老年人日间照料中心（托老所）、社区卫生服务站、社区商业网点等服务设施，宜集中布局、联合建设，并形成社区综合服务中心，其用地面积不宜小于0.3hm²

三、抗震设防要求调整

我国建筑的抗震设防要求可追溯至1974年，国家出台《工业与民用建筑抗震设计规范（试行）》TJ 11—1974，其建筑工程设计主要参考苏联《地震区建筑抗震设计规范》。1978年，我国在总结海城、唐山大地震宏观经验的基础上，对《工业与民用建筑抗震设计规范（试行）》进行修订。该规范按"中震作用"进行抗震验算，适用于7~9度区，对基本烈度为6度的地区，工业与民用建筑物一般不设防。

1989年出台的《建筑抗震设计规范》GBJ 11—1989首次提出"三水准"抗震设防目标——小震不坏、中震可修、大震不倒，并将适用抗震设防烈度扩大到6~9度区，扩大了适用范围，并提出：砌体结构构件，应按规定设置钢筋混凝土圈梁和构造柱、芯柱，或采用配筋砌体和组合砌体柱等，以改善变形能力；混凝土结构构件，应合理地选择尺寸、配置纵向钢筋和箍筋，避免剪切先于弯曲破坏、混凝土的压溃先于钢筋的屈服、钢筋锚固粘结先于构件破坏；钢结构构件应合理控制尺寸，防止局部或整个构件失稳。此后，住宅抗震设防能力还有待加强。

2016年，《建筑抗震设计规范》GB/T 50011—2010（2016年版）出台，根据《中国地震动参数区划图》GB 18306—2015，对我国主要城镇抗震设防烈度、设计基本地震加速度和设计地震分组进行了修订，全面消除不设防地区，见表2-4。

建筑抗震设防规范调整 表2-4

时间	文件名	适用抗震设防烈度
1974年	《工业与民用建筑抗震设计规范（试行）》TJ 11—1974	—
1978年	《工业与民用建筑抗震设计规范》TJ 11—1978	7～9度地区
1989年	《建筑抗震设计规范》GBJ 11—1989	6～9度地区
1993年	《建筑抗震设计规范》GBJ 11—1989（1993年版）	6～9度地区
2001年	《建筑抗震设计规范》GB 50011—2001	6～9度地区
2008年	《建筑抗震设计规范》GB 50011—2001（2008年版）	6～9度地区
2010年	《建筑抗震设计规范》GB/T 50011—2010	6～9度地区
2016年	《建筑抗震设计规范》GB/T 50011—2010（2016年版）	6～9度地区 全面消除不设防地区
2021年	《建筑与市政工程抗震通用规范》GB 55002—2021	6～9度地区 各类新建、扩建、改建建筑与市政工程必须进行抗震设防
2024年	《建筑抗震设计标准》GB/T 50011—2010（2024年版）	6～9度地区

第三节　我国城镇老旧小区改造历程

一、单一住宅的碎片化改造

我国除了拆旧建新的危房、棚户区、简屋改造，对于老旧房屋也进行了整治更新。2000—2018年期间，部分城市针对一些具有代表性、破损严重、居民反映强烈的城镇老旧小区进行改造，旨在摸索老旧住宅改造经验和方法。这些改造均是各个地方政府发起的针对老旧住区、老旧街区的部分小区进行改造。

这期间的改造内容主要集中在建筑本体改造、基础设施改善等方面。针对建筑本体改造，主要对老旧住宅的屋顶进行防漏处理、修补破旧的墙体、更换部分损坏的门窗，以解决最基本的居住安全问题，而北方住宅主要是进行建筑节能改造；对于一些结构存在安全隐患或者抗震性较差的房屋，通过圈梁加固等方式处理，确保不会发生坍塌等危险情况；对于一些不成套木/砖木结构、简易砖混结构房屋，主要实施功能优化改善，增配厨卫设施；在基础设施改善方面，重点针对城镇老旧小区老化的供电线路、供水系统、供热系统进行改善，以提高用电、用水、供暖的安全性。

如杭州市2002年启动"平改坡"（屋面整治）工程就属于最早的城镇老旧小区专项改造，"平改坡"也被列为杭州市政府为民办实事工程之一。2003年，杭州市提出将"平改坡"作为一项长期工作，以美化城市、解决老旧多层住宅屋面漏水、隔热等问题为重点整治内容，该项目由市房管局牵头，整治经费由市、区两级政府各负责承担一半。此外，杭州市于2004年、2007年还分别启动了背街小巷改善工程、庭院改善工程。前者整治内容包括平整路面、增设路灯、增加绿化、把架空线上改下、截污纳管、整治立面、拆除违法建筑、改善交通和增设停车点、增设公厕和果壳箱、完善服务功能等，后者整治内容为小区庭院环境、配套设施、房屋情况等。这两个项目均由杭州市城管办牵头，由政府专项资金拨付。

如上海从1999年起对主要景观道路两侧开展"平改坡"试点，2003年逐步深化为"平改坡"综合改造，在结构许可的条件下对住宅进行加层、扩建和添加设备设施、整治小区环境[12]。同时，上海市于2003年还启动了全市开展旧住房综合整治工程，改造内容包括屋顶渗漏翻修、外墙整修、电梯改造更新等，资金主要由市区出资，也包括部分房屋产权单位出资，该工程于2005年底累计完成房屋修缮整治2.78万幢，面积逾3492万m²，投入资金超过20亿元，受益居民达101.56万户[13]。此外，2001—2007年，上海还完成了122.1万m²的老公房成套改造，住房成套率从85%提升至95%。

如北京市为配合当时的奥运会举办，于2006年启动"平改坡"工程，改善市民生活、提高平顶楼房保温隔热和防水能力，美化城市景观。资金费用主要由市、区两级政府补贴。2007年，《北京市既有建筑节能改造专项实施方案》发布，包含了居住建筑节能改造，具体包括外墙保温改造、建筑外门窗节能改造、屋面节能改造、单元门的节能改造、采暖系统平衡调节、加装楼宇热计量表等[14]。

这个阶段，虽然地方进行了一些改造尝试，城镇老旧小区的居住环境只是在一定程度上得到了改善，但改造内容较为单一，未能从根本上解决老旧住宅存在的诸多问题。例如，小区的整体布局和外观没有得到明显改观，公共空间狭窄、绿化和休闲设施缺乏、停车位紧张等问题依然存在。同时由于资金来源有限，主要依靠政府有限的财政投入，难以覆盖所有老旧住区。虽然一些地方会动员产权单位或者居民少量筹资参与改造，但筹集的资金规模不大。如上海在综合整治伊始，就将整治单价控制在60元/m²以内，但即使这样总投入也超过了20亿元。并且当时社会对老旧住宅改造的整体关注度不高，企业和社会机构参与度极低，几乎没有其他渠道的资金注入，整体效果并不显著。

当时老旧住区的居民对老旧住宅改造的认识较为有限，认为改造是政府的事情，与自己关系不大；部分城市存在着大型项目驱动的情况，着落点在于改善城市形象，居住环境改善较为有限；改造过程对于居民的需求和意见未充分征询，导致居民参与积极性不高。

二、居住区的综合整治改造

2015年12月召开的中央城市工作会议上，习近平总书记发表重要讲话，提出要"加快老旧小区改造"。2016年2月，《中共中央 国务院关于进一步加强城市规划建设管理工作的若干意见》提出，要"有序推进老旧住宅小区综合整治、危房和非成套住房改造"。

2017年，我国在15个城市开展老旧小区改造试点，以探索城市老旧小区改造新模式，并提出着重探索以下四项体制机制：一是政府统筹组织、社区具体实施、居民全程参与的工作机制；二是居民、市场、政府多方共同筹措资金机制；三是因地制宜的项目建设管理机制；四是健全一次改造、长期保持的管理机制。

2019年4月，住房和城乡建设部、国家发展改革委、财政部联合发布《关于做好2019年老旧小区改造工作的通知》（建办城函〔2019〕243号），全面推进城镇老旧小区改造。主要开展工作包括：一是摸排全国城镇老旧小区基本情况；二是指导地方因地制宜提出当地城镇老旧小区改造的内容和标准；三是合理确定2019年改造计划；四是推动地方创新改造方式和资金筹措机制等[15]。2019年6月，国务院常务会议部署推进城镇老旧小区改造，提出：一要抓紧明确改造标准和对象范围，2019年开展试点探索，为进一步全面推进积累经验。二要加强政府引导，压实地方责任，加强统筹协调，发挥社区主体作用，尊重居民意愿，动员群众参与。三要创新投融资机制。四要在小区改造基础上，引导发展社区养老、托幼、医疗、助餐、保洁等服务。推动建立小区后续长效管理机制。2019年10月，针对老旧小区改造中存在的难点和重点问题，浙江省、山东省、宁波市、青岛市、合肥市、福州市、长沙市、苏州市、宜昌市等"两省七市"被住房和城乡建设部列为新一轮全国城镇老旧小区改造试点省市，开展深化试点探索。

在这个时期，城镇老旧小区改造逐渐受到各地重视。一些未列入全国城镇老旧小区改造试点城市的地区，也纷纷顺势发布或起草老旧小区改造实施方案或行动计划。

如2019年7月，杭州市城乡建设委员会组织编写并发布了《杭州市老旧小区综合改造提升技术导则（试行）》，并提出六大改造内容，包括完善基础设施、优化居住环境、提升服务功能、打造小区特色、强化长效管理。2019年8月，杭州市人民政府办公厅发布《杭州市老旧小区综合改造提升工作实施方案》（杭政办函〔2019〕72号），首次明确改造范围、改造任务、改造程序、资金保障和组织保障。

再如西安市于2019年发布《西安市老旧小区改造工作实施方案》，提出从完善基础及配套设施、提升房屋质量及功能、改善小区景观环境、完善公共服务设施等方面，严格按照标准开展老旧小区改造工作。

2020年7月，《国务院办公厅关于全面推进城镇老旧小区改造工作的指导意见》（国办发〔2020〕23号）印发，明确了总体要求、目标任务、对象范围、支持政策和保障措施。为各地进一步全面推进这项工作，提供了政策依据和基本遵循。

相比第一个阶段的改造，这次改造有五点不同：一是改造内容扩展，从原有的围绕建筑本体和基础设施的改造，拓展到基础类、完善类和提升类改造，不仅有利于改善居民居住环境，也有利于提高城市公共服务供给水平。二是组织实施上，开始引导和激发居民主动参与的积极性。尤其是从改造内容菜单式选择，以及社区治理机制体制等方面，提出了全方位要求。三是资金筹措上，从地方政府单一投入，到引导居民和社会力量出资，实现多方共建。四是项目范围上，实施单元从单个小区内的改造，拓展到相邻小区联动改造、片区化改造，以推动建设完整居住区。五是改造要求上不仅要求硬件提升，也重视物业管理服务改善和社区基层治理提升。

这一阶段改造呈现了量大面广的特点，也取得了较好的成效，整体来看每年的任务都超额完成，见图2-7。同时，这次改造建设标准相较于上个阶段有所提升，据华泰证券测算，不含电梯和户内改造的情况下，我国老旧小区改造的平均投资有望达到300～400元/m²[16]。

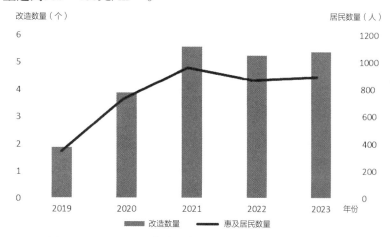

图2-7 2019—2023年全国老旧小区改造数量和惠及居民数量

数据来源：住房和城乡建设部公开信息

三、城镇老旧小区现状分析

从城镇老旧小区建设形成，比照当前的城镇住宅技术标准规范，当前城镇老旧小区呈现如下特征，使得现有改造面临着多重困境。

1. 建筑结构特征

2000年以前的多层老旧住宅多采用砖混结构或预制板结构，且当时建筑设计标准相对较低，相比使用圈梁和构造柱体系建造的房屋，其结构承载力和抗震性能相对较弱，与现行技术规范要求有差距；由于建造年代较早，当时的施工技术和地质条件勘测技术相对局限，加上不少城镇老旧小区缺乏公共维修基金，后续的维护和管理无法跟上，基础不均匀沉降、建筑结构老化等问题在改造中难以彻底解决。

2. 居住环境特征

截至2023年底，我国60岁及以上老年人占总人口的21.1%，城镇老旧小区老年人口占比更高，且不乏一些空巢老人、孤寡老人等特殊人群。与之形成对比的是，当前城镇老旧小区电梯加装数量不足，无障碍和适老化建设程度低，居住人群流动性较高，改造后依然缺乏物业管理或者物业管理水平较低，即使引入准物业管理，居民较为依赖政府的物业补贴。因此，居住环境难以匹配老年居民日常的使用要求，也无法满足日益提升的现代化生活需要。

3. 产权权属特征

伴随着我国城镇住房制度的改革，2000年以前的城镇老旧小区产权权属复杂多元，产权界定模糊不清，包括"房改房"、公房、经济适用房、回迁安置房、商品房，以及混合型产权等多种形式。此外，其内部的一些废弃配套用房、公共用房如锅炉房、传达室、自行车棚等产权不明，在改造时也无法交给运营商充分利用开发。随着历史变迁，许多城镇老旧小区原建设单位不复存在，但与之相应的一揽子老旧小区问题却没有得到解决，给更新实施机制和后续维护管理带来极大的困难。

4. 公共配套特征

20世纪90年代之前，由各建设单位根据划拨用地的定额指标建设的小区，其公共配套设施建设缺乏规范指导。直到1993年，我国才有了《城市居住区规划设计规范》GB 50180—1993，对居住区配套设施建设提出明确要求。2018年《城市居住区规划设计标准》GB 50180—2018提出了精细化管控要求，强化了生活圈概念。然而随着居民对于停车位、休闲文化空间等需求不断增长，现有城镇老旧小区的公共服务配套供给严重不足，且难以满足居住区生活圈规划设计要求。

5. 社区规划特征

我国居住区规划在20世纪90年代才正式提出。大量的城镇老旧小区原有规划不成熟，缺乏科学的居住社区规划，存在大量的单幢建筑，布局上呈现不规则、碎片化等特征，楼栋间距不合理，楼栋之间缺乏联系，难以构建片区生活圈层，对老旧小区改造工作和社区治理都带来了难度。

6. 土地性质特征

我国于20世纪90年代之前建造的城镇老旧小区，多为国有单位或企业为职工建造的住宅区，土地通常为国有划拨性质。在国有划拨土地上建成的住宅，如果未进行上市交易，一般都未缴纳土地出让金，土地产权归属不清晰。国有划拨土地有明确的规划用途，城镇老旧小区改造中若想对土地用途进行调整以满足更多后续运营需求，难度较大。

7. 改造成效特征

虽然此前的城镇老旧小区改造惠及了众多居民，但是依然存在着以下三大问题：

一是现有改造成效与居民日益增长的需求不匹配。结合上述城镇老旧小区现状特征分析，考虑到老旧小区受限于原有建设规划，现有改造仍无法解决建筑结构老化、空间功能不足、抗震设防等级低等问题，对于部分存在危旧房屋的老旧小区，不论是通过落架大修还是根据"三不原则（不改变原房屋用途，不突破原建筑占地面积，不突破原建筑高度）"拆除重建，都存在着保护改善兼顾难、空间制约改善难、责任主体确定难等问题，导致居民支持率不高。

二是较大改造规模与单一来源的资金投入不匹配。原有城镇老旧小区改造由政府组织，以财政投入为主。据住房和城乡建设部摸查，目前全国有2000年底以前建成的老旧小区22万个，巨大的居住建筑存量、高昂的资金需求决定了仅靠公共财政难以背负包括私有产权部分在内的老旧小区改造成本，这是对公共利益的损害[17]。

三是传统改造模式与城市高质量发展目标不匹配。随着改造工作的深入推进，当前实施的综合整治模式是在不突破现有规范体系下，对城镇老旧小区采取的一种适时的修复、补救和提升行动，并未从城市整体发展角度出发，实现城市经济、文化、社会、生态等多重价值提升，不仅改造成效难以维系，容易陷入"反复改"的轮回困境，也难以实现宜居、韧性、智慧城市建设目标。

2023年，《住房城乡建设部关于扎实有序推进城市更新工作的通知》（建科〔2023〕30号）中提出"坚持'留改拆'并举"，这为部分存在重大安全隐患、年久失修、空间布局差的城镇老旧小区实现拆除重建提供了政策依据。在城市更新作为长期政策的背景下，面对上述困境，我国亟须探索城镇老旧小区改造新模式，落实以人为本理念，使得改造成效符合居民预期，又能够引导居民主体出资，解决资金问题。

第三章

国内外
既有住宅更新的经验

为探索我国城镇老旧小区改造新模式，本章将从国内外既有住宅更新的理论和实践中汲取经验和做法，包含协调居民意见、引导居民出资、政策机制创新等多个层面，为老旧住宅新模式提供理论基础和参考依据。

第一节 既有住宅更新的理论体系

一、城市更新理论

既有住宅更新是城市更新的重要组成部分，可以改善城市的居住环境，提高居民的生活质量；提升城市的整体形象和品质，增强城市的吸引力和竞争力；促进城市产业和经济发展；推动社会和谐，提高城市治理水平。因此，城市更新理论为城镇老旧小区改造提供了理念指导。

国内外对城市更新理论研究较为丰富。中国著名城市规划思想家李德华在其著作《城市规划原理》中写道：城市更新是一种将城市中已经不适应现代化城市生活的地区作必要的有计划的改造活动。1958年8月，在荷兰召开的第一次城市更新研讨会上，对城市更新作了有关的说明：生活在城市中的人，对于自己所居住的建筑物、周围的环境或出行、购物、娱乐及其他生活活动有各种不同期望和不满；对于自己所居住的房屋的修理改造，对于街道、公园、绿地和不良环境的改善有要求及早施行；对形成舒适的生活环境和美丽的市容抱有很大的希望。包括所有这些内容的城市建设活动就是城市更新[18]。

20世纪90年代起，旧城改造问题成为众多学者反思的焦点。在这一时期，吴良镛先生从"保护与发展"的视角提出有机更新理念，这一理念对城市更新内涵的理解更加强调城市物质空间的更新。2000年后，城市更新的概念和内容趋于多元化，更加注重物质空间载体之上各类要素的整合与综合，一些政策文件中也出现了"城市复兴""城市再生""城市双修"等新的概念。

近年来，国家大力推进城市更新工作。2019年召开的中央经济工作会议首次强调了"城市更新"这一概念，提出加强城市更新和存量住房改造。"十四五"规划和2021年政府工作报告提出"实施城市更新行动"，城市更新上升为国家战略。2022年党的二十大报告提出"实施城市更新行动"，打造宜居、韧性、智慧城市。2022年颁布的《"十四五"新型城镇化实施方案》强调，城市更新要以"推动城市健康宜居安全发展"为指导思想。2023年，《住房城乡建设部关于扎实有序推进城市更新工作的通知》（建科〔2023〕30号）明确要扎实有序推进城市更新行动，提高城市规划、建设、治理水平，推动城市高质量发展。这为存量时代背景下我国城市发展指明了新方向、提出了新要求。

城市更新理论是关于城市发展和改造的理论体系，强调城市是一个有机的整体。城市更新的目标是解决城市中影响甚至阻碍城市发展的城市问题，通过对城市中已经不适应现代化城市社会生活的地区进行有计划的改建活动，以提升城市的功能、品质和可持续发展能力。

因此，基于城市更新理论，既有住宅更新在城市系统中并非孤立的项目，而应该纳入城市的整体空间布局和功能规划中，要考虑其与周边配套、基础设施等的有机衔接，并以此制定区域更新规划；既有住宅更新不仅仅注重居住功能提升，还应提升所在片区的活力，从商业、休闲、文化等多方面实现功能复合发展；应强调社区居民的参与和共建共享，传承城市文化和基因；通过既有住宅更新，缩小不同区域之间的差距，最终达到实现城市均衡发展的目的。

二、可持续发展理论

可持续发展理论是一种强调经济、社会、环境、科学技术等协调发展的理论体系，最早出现于1980年国际自然保护同盟的《世界自然资源保护大纲》：必须研究自然的、社会的、生态的、经济的以及利用自然资源过程中的基本关系，以确保全球的可持续发展。

1987年联合国世界环境与发展委员会的报告《我们共同的未来》一文中，系统阐述了可持续发展理念，可持续发展强调既满足当代人的需求，又不损害后代满足其需求的能力。报告中描述了可持续发展论所要达到的七个目标，即经济增长、社会平等、满足人的基本需要、控制人口、保护资源、开发技术与管理风险，以及改善环境[19]。

1991年由世界自然保护联盟、联合国环境规划署和世界自然基金会共同发表的《保护地球：持续生存战略》明确指出了"在支撑生态系统的承载力之内，改善人类的生活质量"以及"发展不应以后代为代价，也不应危及其他物种的生存"的可持续发展概念。

1992年联合国环境与发展会议后，我国率先制定《中国21世纪议程——中国21世纪人口、环境与发展白皮书》，正式将可持续发展战略纳入我国经济和社会发展的长远规划。

2024年7月，《中共中央关于进一步全面深化改革 推进中国式现代化的决定》指出要建立可持续的城市更新模式和政策法规。在存量规划的新常态下，可持续的城市更新担负着新时期的重大实践使命。

城市是不断进行新陈代谢的有机生命体，在当今全球化和资源环境压力日益增大的背景下，构建可持续城市成为大势所趋。既有住宅更新在可持续的城市更新中占据着重要地位，其发展模式一方面对当下的建设、改造理念与建筑技术带来了全新挑战，另一方面也为建筑全生命周期的各个环节设立了更高的追求目标，也更关注邻里环境改善、文化特色发展、多元主体参与、社会公平公正等方面的可持续发展。既有住宅更新也要注重可持续发展，一是强调更新过程中对资源的节约高效利用，利用新技术、新工艺实现环境修复；二是强调更新行为的可持续，过度依赖政府容易造成更新难以维系，应从对既有住宅更新进行长期投资和成本效益分析，考虑改造项目的全生命周期成本，包括建设成本、运营成本和维护成本等，继而选择让居民满意，且经济实用的改造方案，确保投资的长期价值；三是社会参与的可持续性，从既有住宅改造到后期运维，都需要居民持续参与，才能维护社区环境。

三、社会公平理论

社会公平是一个涉及平等、公平、正义等丰富内涵的概念体系。在西方社会，古希腊哲学家柏拉图在其著作《理想国》中提出社会公平理论，他强调个体和国家内部的和谐、平衡和智慧的重要性，即唯有处于这种和谐状态，人类社会方可实现最高层级的正义和幸福。这一理论对西方哲学和政治思想有着极为深远的影响，也成为后续众多哲学家和政治家探讨社会公平的根基。近现代的社会公正观强调实现人的平等、尊严以及政治、经济、文化多方面的权利价值。马克思和恩格斯强调社会公平是具体的、相对的、历史的。美国政治学家约翰·罗尔斯（John Rawls）于1971年出版的《正义论》中，从学理层面系统提出了社会公平理论，即每个人拥有平等的权利，应遵循一种公平的机会平等原则；社会和经济上不平等的制度设计，必须同时满足对每一个人都有利，针对不平等的制度设计，应尽量采取措施增加处境最不利阶层的机会和最贫困阶层的财富[20]。

维护社会公平是中国特色社会主义的内在要求，也是一项长期、艰巨且复杂的历史任务。一直以来，我国始终坚持以促进社会公平正义、增进人民福祉为出发点和落脚点，在经济领域大力推动均衡发展，全力缩小地区、城乡和贫富差距，坚定不移地迈向共同富裕。在教育、医疗、就业等民生领域不断加大投入，切实保障公民平等享有基本公共服务的权利，让现代化建设成果更多更公平地惠及全体人民。周俭（2016）指出，城市更新规划的核心职能是对空间资源的再分配，需要构建一套以空间社会价值与空间公正为核心的研究体系[21]。顾萍、尹才祥（2018）认为，参照罗尔斯的公正原则，城市空间利益调控制度应赋予城市开发中各利益主体同等的参与权利[22]。周春山等（2022）也指出，当前我国不均等的公共服务及住房问题对共同富裕形成了挑战，作为公共政策的国土空间规划，是维护公众利益和社会公正的重要工具，也是推进共同富裕的重要手段[23]。

因此，城市更新不能仅仅聚焦于经济增长和物质空间的改造，更需注重社会公平与人文关怀，应以基本公共服务均等化建设为切入点，探讨符合城市空间正义的更新模式；同时应关注老年人、残障人士等群体的居住环境，体现社会的公平与关爱。通过构建这样的更新模式，创造全龄友好的居住环境，有利于城市发展利益在不同群体之间得以公平分配，有力推动城市的全面协调可持续发展，从而实现城市公共物品与城市发展利益分配的空间正义。

四、建筑遗产保护理论

建筑遗产是城市文化的重要物质载体。西方国家在建筑遗产保护方面起步较早。1933年，《雅典宪章》（*Athens Charter*）就提出了"有价值的建筑和地区"的保护问题，明确建筑遗产的价值类型主要包括艺术价值、历史价值、科学价值。为建筑遗产的保护奠定了重要的理论基础。此后，西方国家陆续颁布了一系列纲领性文件，对建筑遗产的保护与再利用进行全面而深入的指导，关注城市的保护和更新问题。其中，《威尼斯宪章》（*Venice Charter*）进一步细化了建筑遗产保护的原则和方法，强调了对历史建筑的原真性和完整性的保护；《佛罗伦萨宪章》（*The Florence Charter*）则针对历史园林这一特殊类型的建筑遗产提出了专门的保护准则。

随着对文化遗产保护意识的不断提高，我国逐步加强了对建筑遗产的保护力度。各级政府和相关部门积极开展建筑遗产的普查、认定和保护工作，加大对建筑遗产的修缮和维护投入，鼓励社会力量参与建筑遗产的保护与利用。我国从1961年颁布《文物保护管理暂行条例》起，真正步入了历史建筑的保护阶段。在此之后，《中华人民共和国文物保护法》《历史文化名城保护规划标准》等相关法律法规相继颁布，这标志着我国完成了从"点"到"面"的保护模式转变，逐步构建起了涵盖单体建筑、历史街区以及历史文化名城等多个层级的历史建筑保护体系[24]。近年来，与建筑遗产保护更新有关的各类项目，在城市发展规划的宏观层面和人居生活环境的微观层面展开了多种实践探索。

居住社区是城市中规模最大的功能用地，以社区为载体的居住文化是城市文化历史的重要部分，承载着城市时代的历史印记。2021年9月，中共中央办公厅、国务院办公厅印发的《关于在城乡建设中加强历史文化保护传承的意见》中明确指出，在城乡建设中系统保护、利用、传承好历史文化遗产，既要保护单体建筑，也要保护街巷街区、城镇格局；切实保护能够体现城市特定发展阶段、反映重要历史事件、凝聚社会公众情感记忆的既有建筑，不随意拆除具有保护价值的老建筑、古民居；加强重点地段建设活动管控和建筑、雕塑设计引导，保护好传统文化基因，鼓励继承创新，彰显城市特色，避免"千城一面、万楼一貌"[25]。因此，在城市更新背景下，要将遗产保护理念融入社区更新，深入挖掘社区遗产价值，只有重视居民社会生活的归属感和幸福感，在更新中体现对社区群体文化的尊重和发展，才能真正实现历史文化遗产的有效保护与传承，让城市在发展进程中保留独特的历史韵味和文化魅力。

五、技术创新理论

技术创新理论最早出现在经济学领域，1912年，奥地利经济学家约瑟夫·熊彼特（Joseph A. Schumpeter）在其出版的《经济发展理论》中提出"创新"的概念，包含产品创新、工艺创新、市场创新、资源开发利用创新、体制和管理创新5个方面内容[26]。20世纪50年代后，许多国家经济出现高速增长"黄金期"，传统经济学理论难以解释，西方学者越来越关注技术进步与经济增长之间的关系，使技术创新理论得到长足发展，逐渐形成了丰富多样的理论体系，如制度创新学派、国家创新系统学派等，对经济增长、产业发展、企业战略等诸多领域都产生了深刻且广泛的影响。

当前，信息技术持续迭代升级，以云计算、大数据、人工智能、物联网、建筑信息模型（BIM）为代表的新一代信息技术，正深刻改变着城市的生产方式、生活方式和治理方式。这些新技术为城市建设提供了全新的手段和工具，提高了建筑设计、施工和管理的效率和精度，帮助实现建筑全生命周期的信息化管理。此外，材料科学不断发展，新型高强度混凝土、高性能钢材、新型保温材料和可再生材料的出现，改变了建筑的结构形式和性能表现，为建筑提供了更多高性能、环保和可持续的材料选择。新能源技术的发展，太阳能、风能、地热能等清洁能源的应用，为建筑提供了更可持续的能源解决方案。新技术和新材料的应用，也可以提高建筑的生产效率，进而降低施工成本和运营成本。

2020年，住房和城乡建设部等部门发布《关于推动智能建造与建筑工业化协同发展的指导意见》，围绕建筑业高质量发展总体目标，以大力发展建筑工业化为载体，以数字化、智能化升级为动力，创新突破相关核心技术，加大智能建造在工程建设各环节应用，形成涵盖科研、设计、生产加工、施工装配、运营等全产业链融合一体的智能建造产业体系，提升工程质量安全、效益和品质，有效拉动内需，培育国民经济新的增长点，实现建筑业转型升级和持续健康发展[27]。

随着社会经济和城市化建设的飞速发展，当前我国建筑规范与标准逐渐提高，人民生活方式不断改善，新技术新设备层出不穷，大量既有住宅已经不再适用于当代的生活需求。如何在改造更新过程中，通过技术创新、设计创新、设备创新加快建造方式转变，推动城市高质量发展，成为当前亟须应对和着手研究的命题。为加快适应信息技术迅猛发展的新形势，在社会需求、技术进步和降低建筑成本等多重因素的驱动下，在既有住宅更新过程中，可通过建筑技术创新，推广应用绿色建筑技术、智能建筑技术、装配式建筑技术、新材料和新工艺，提高建筑的性能和质量，提升既有住宅的舒适度、安全性和可持续性。此外，还需要创新既有住宅更新的管理模式，提高项目的实施效率和质量，实现可持续发展目标。

综上所述，既有住宅更新的理论体系涵盖了城市更新理论、可持续发展理论、社会公平理论、建筑遗产保护理论以及技术创新理论等内容，这些理论相互关联、相互支持，为既有住宅更新提供了理论指导和实践依据。在实际操作中，应根据具体情况综合运用这些理论，制定科学合理的既有住宅更新方案，实现住宅的可持续发展，进一步推动城市高质量发展。

第二节　国外既有住宅更新的先进经验

一、日本：完善政策体系保障团地再生

1997年以后，日本步入少子高龄化社会，年轻人口流入不足，团地住宅面临空置化、老朽化、适老性差等一系列亟待解决的现实问题，进一步导致早期开发的小区逐渐衰落。日本国土交通省统计数据显示，建筑越老，高龄业主占比越高，截至2021年底，建筑年限超过40年的公寓中，70岁以上业主占比高达48%，见图3-1。为扭转这一局势，日本各地方政府及相关机构针对既有住宅开启全面改造，提出了一系列住宅再生策略，正式启动团地再生计划。目前，日本的都市更新（即城市更新）以民间主导为主，占总更新项目数的79%，占更新总面积的56%。一般而言，日本政府主导更新面积相对较大，平均每个项目2.95hm²，而民间主导的更新面积平均为1hm²。

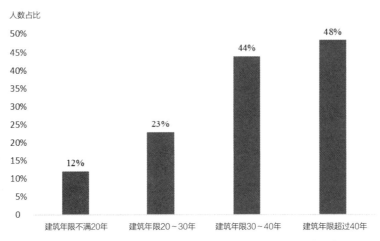

人数占比

图3-1 日本不同建筑年限公寓业主年龄在70岁以上人数占比

团地再生主要是指建筑物的再生，关注社区生活重心的再造，包括公共租赁房、商品公寓房、一户建团地三种再生类型[28]。更新形式主要包括原有团地全部建替、部分建替和集约更新等模式。经过20多年的实践与完善，团地再生从单一的建筑个体，再到周边环境及整个区域，形成了一套完备的、具有较强借鉴意义的体系。

1. 建立完备的政策法规体系

日本于1951年颁布《公营住宅法》，以保障低收入国民最低生活质量；1955年出台《日本住宅公团法》，开创新的集合住宅模式容纳涌入城市的中产阶级；2002年制定《都市再生特别措施法》，开始了以再生为核心的城市再发展进程，这些政策法规的制定为日本住房政策的发展奠定了良好的基础。都市再生机构成立后，设立《独立行政法人都市再生机构法》，致力于提高居住品质，满足居住群体多元化的居住需求。随后，从可持续城市建设的视角出发，制定了《中期计划》（2004—2009）和《存量住宅再生、再编方针》（2007—2018），重点关注"一老一小"、地域多功能化等问题[29]。

2. 多元主体自下而上地广泛参与

都市再生机构的成立，进一步推动了日本民间组织的多元化发展，包括社区居民、社会非营利组织、志愿者、自治会、工商会等在内，均参与到团地再生计划中。地方政府则负责总体框架的规划和管理方针的制定，主要在其中发挥关键的联结和支持作用，形成了居民主导、政府支持、第三方配合的多元协作模式。

3. 放宽公寓重建的容积率政策

日本于2014年修订《公寓重建促进法》后规定：经认定为耐震性不足的公寓，若对其进行重建有利于市区环境改善，将得到特定行政厅的许可，放宽其容积率限制。2020年日本对《公寓重建促进法》进行再次修订，进一步扩充了对重建公寓的认定范围，即在"经认定为耐震性不足的公寓"的基础上，增加了"外壁脱落可能产生危害的公寓"和"无法保障无障碍性能的公寓"两种情形，这三种情形在重建过程中均适用放宽容积率政策。

4. 拓宽居民改造住宅的资金来源

日本的小区业主可以自发成立具有法人资质的"公寓修缮重建委员会"，以法人身份向政策性银行借入改造资金。住宅金融支援机构提供三类金融政策，鼓励和帮助居民改造公寓住宅。一是面向公寓共有部分改造的融资政策，以管理委员会实施的共有部分改造工程费用为对象的融资，改造内容包括屋顶防水、外壁涂装、阳台修缮、停车场增设、楼梯间和走廊修缮、电梯加装、内壁涂装等。另外，依据该融资政策也可以向改造过程中委员会参与会员（即小区业主）提供改造费用的临时贷款。二是为城市再开发、防灾街区改造、公寓重建等改造工程提供的短期融资。三是为支持住宅修缮公积金的有计划积累和管理，由住房金融支援机构发行的公寓债券。

5. 税收优惠政策推动住宅更新

税收优惠主要针对住宅重建改造中涉及的与住宅用地出让相关的各类税金。日本为推动住宅更新的顺利进行，减少其在过程中的税收负担，在土地建筑所有权转让的涉税环节（包括所得税、法人税、住民税、事业税）、登记环节、保有环节、合同制作环节等均设置了税收优惠政策。

二、英国："公—私—社区"合作激发居民参与

英国作为工业革命的发源地，也是最早步入城市化进程的国家之一。"二战"后的英国经过恢复重建，持续了十几年的经济繁荣，直至20世纪70年代，英国制造业经历严重下滑，就业岗位骤减、失业人数攀升等现实问题随之而来，整个国家陷入"去工业化时期"，进一步导致经济缺乏活力，造成内城衰败[30]。为应对日益突出的深层社会问题，英国政府制订和实施了一系列城市更新政策，开展城市更新行动。

英国的城市更新行动大致可以分为三个阶段。第一阶段开始于20世纪70年代。1977年，英国政府发布《内城政策》白皮书，城市更新首次作为政策被提出。这一阶段主要目的是通过振兴社区刺激城市的经济发展，主要内容是在城市中心快速清除贫民窟等。随着城市建设的推进，诸如环境污染、交通堵塞等新的城市问题明显加剧，城市郊区化现象日益显现，英国政府逐渐意识到城市更新不

能仅停留在物质形态更新层面。20世纪80年代，英国城市更新进入第二阶段，即以市场为主导代替政府为主导，开始以引导私人投资为目的、以房地产开发为主要方式，提升建筑机能。第三阶段即20世纪90年代至今，英国政府开始更加关注社区的更新，公众参与成为城市更新战略中的重要一环。2000年颁布的《我们的城镇和城市》白皮书中提到，"文化、休憩和运动作为我们生活质量和经济结构的一部分，都显得越来越重要"[31]，并将城市更新实践与环境生态、社会公平、文化包容、社会治理等议题结合在一起。英国社区更新针对社区衰退、社区隔离等问题，由地方当局、社会发展局、住房提供商、公共事业部门、社会发展组织等部门共同制定更新战略并监督其实施[32]，通过多方互助参与的合作模式，促进政府与非政府组织、社区及其他公共部门协同合作，推进实现改造和治理目标。

1. 注重社区参与，维护公众利益

21世纪初期，英国出台邻里复兴政策，发布《城市更新的社区参与：给实践者的指南》，以提供社区参与城市更新的综合指引，形成"公—私—社区"多方合作的社区更新模式，见图3-2，将合作伙伴组织的建立作为资金申请的前置条件，并形成了成熟的邻里规划、社区建筑师制度，推动专业人员、社区和居民参与改造。2010年，英国颁布《地方主义法案》，建立了一种自下而上的规划形式，法案规定社区、第三方组织在社区更新的开发建设过程中拥有一定的自主决策权，鼓励多方主体参与到邻里规划中，使社区居民可以将规划资源集中在关键性问题上。

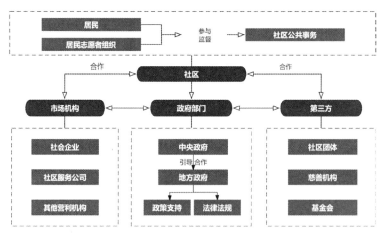

图3-2 英国"公—私—社区"多方合作的社区更新模式

2. 政策优化提高社区供给效率

英国通过出台一系列行动计划，鼓励社区在更新中发挥更大作用，提高社区服务的供给效率，使居民利益最大化。例如，城市挑战计划（1991年）规定获得资金的更新项目需建立在社区、私人部门和志愿组织三方合作的基础上，使得更新目标与社区需求紧密联系在一起；社区新政计划（1998年）通过向以社区为基础的合作组织分配资金来解决当地社区、住房和物质、环境、教育、健康六方面的问题；邻里发展决议（2012年）规定，当社区需求与开发商规划申请相一致时，政府部门将简化审批流程，直接批复项目以迅速响应社区需求。

3. 专业人员进社区协助居民参与

英国的规划公众参与制度起源于18世纪形成的社团传统，而后受工业革命、现代城市规划学科建立的影响产生了市民社团运动。20世纪《城乡规划法案》的修订，提出公众应有参与城市规划的权利，由此逐步形成了公众参与的社区规划制度。1969年，利物浦的庇护邻里行动计划首次促成了建筑师参与邻里居民共同工作，同年在伦敦成立了服务社区的建筑咨询组织。1976年，英国皇家建筑师协会成立社区建筑小组，推动社区建筑与全国网络的建立。1981年公众参与被定为欧洲都市复兴年的主题。1983年，全国性的组织"社区技术协助中心协会"成立，并开始促成英国的社区建筑由社区技术协助转变为强调使用者参与的取向。建筑师、规划师等专业人员逐渐走进社区提供技术指导，协助社区居民向政府争取发展资源。

案 例 分 析

英国伦敦市中心硬币街社区：居民主导的社区更新

英国伦敦市中心的硬币街社区（Coin Street），原是工业社区，因"二战"期间遭遇轰炸，房屋损坏严重，工业岗位大幅减少，学校和商店也相继关闭。1984年，硬币街社区居民为了维护社区在更新过程中的利益，自发形成"硬币街行动小组"（Coin Street Action Group），提出代表社区居民的更新方案取代开发商的提议。经过不懈努力，行动小组自发成立社会企业——"硬币街社区建设者"（Coin Street Community Builders，CSCB），出资接手硬币街地块的开发，标志着硬币街社区的自主更新正式拉开序幕。硬币街社区建设者身兼土地所有者、规划者、开发者和管理维护者等多重角色，建设了220套住宅、2个商业场所和1个邻里中心，同时打造高质量的公共空间。在日常运营中，CSCB负责监督社区安保、管理商业租赁、管理公共空间与邻里设施、组织社区活动等。

硬币街社区建设者为筹集住房项目资金，分别于1988年和1996年完成了加百列码头（Gabriel's Wharf）和OXO码头大楼（OXO Tower Wharf）两个商业空间的再开发利用。通过出租店面收取租金，吸引了众多高消费游客，拉动了本地经济的增长。作为社会企业，硬币街社区建设者进行商业活动产生的所有利润都用于反哺社区。加百列码头和OXO码头大楼的经营利润主要用于保证高标准的住宅设计，建设、维护设施及举办活动等方面。

在硬币街社区自主更新的过程中，为满足多样化的居住需求，硬币街社区建设者共开发了4个住宅片区：桑树片区（Mulberry，1988）、棕榈树片区（Palm，1994）、红杉片区（Redwood，1995）和伊洛可片区（Iroko，2001），囊括了从单间公寓到五室独栋房的各种类型，见图3-3。所有住房都以完全共有的合作社模式管理，只租不售，以较低的价格优先配给伦敦市中心的低收入社会工作者，如护士和公交车司机等群体。在社区公共空间方面，为满足娱乐、儿童教育、青年及家庭支持、学习及就业支持等需求，CSCB建设了一座多功能邻里中心，涵盖了托儿所、青年俱乐部、学习与创业指导中心、社区活动场所等。

（a）桑树片区　　　　　　　　　　　　（b）棕榈树片区

（c）红杉片区　　　　　　　　　　　　（d）伊洛可片区

图3-3　硬币街社区建设者开发的4个住宅片区

硬币街社区建设者采用合作社的形式管理住房，主要出于两点考虑：一是以这种形式让所有租户参与进来，共同维护房屋和花园，从而维系强烈的社区纽带；二是确保能以相对低廉的租金将房屋出租给真正需要的人，维护公众利益。

三、新加坡：多层级联合更新

新加坡是一个高密度人口的城市国家，2020年的人口为569万，目前面临人口快速老龄化的进程。怎样才能在这种高密度的城市化地区营造更好的居住环境，是这些年来新加坡一直致力探索的重要目标之一（图3-4）。

图3-4　1970年的新加坡

1. 自下而上的集体出售

新加坡每5年发布一次的总体规划中，会以调整容积率等方式为居民提供"集体出售"的机会。老建筑的实际容积率高于规划限制的，只要不改变建筑用途，重新开发后，仍可沿用旧容积率，保证了更多老建筑有机会进行市场化更新改造。"集体出售"即在同一地块有多个业主时，可通过法定程序实现该地块在市场上出售，居民可通过出售收益改善居住条件；开发商则通过对地块进行改造或重建获利，并推动实现城市更新，见图3-5。该模式自下而上发起，出售计划由业主提出，业主代表组成的"集体出售业主委员会"推动整个过程的实施，最初需要100%业主同意；1997年起，建筑年限低于10年需90%业主同意率，超过10年只需80%业主同意率；未达到100%同意率的集体出售由主管部门调解，法院最终裁决。同时，谈判过程完全市场化，买卖双方自行达成成交意向后，再向主管部门申请同意令。

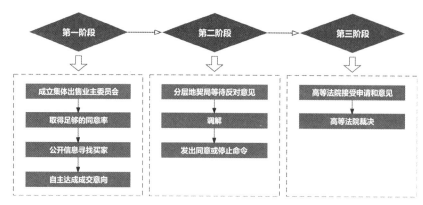

图3-5 新加坡集体出售基本流程图

2. 公众参与的原居安老

新加坡原居安老中的"原居"可以理解为老年人熟悉的日常社区环境，"原居"环境有利于老年人获取和使用满足其需求的基础设施和服务，促进其积极参与活动、得到尊重，获取场所归属感。原居安老在推进过程中，秉持着"自上而下"与"自下而上"相结合的构建要点，设置政府主导与公众参与相结合的弹性规划机制，注重社区环境下主人翁意识的培养与社会文化的挖掘，见图3-6。政府和建屋发展局（Housing Development Board，HDB）、社区、机构等多方合作，明确政府、社区及居民在各个阶段的职责，探索政府职责集中向政府、居民和社会各界共同承担转变；通过提高老年人认识和提供反馈信息，鼓励其参与到城市公共环境建设、公共信息收集和协商过程中来[33]。

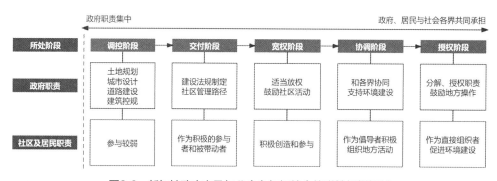

图3-6 新加坡政府主导与公众参与相结合的弹性规划机制

3. 邻里重组的选择性重建

选择性整体重建计划（Selective Enbloc Redevelopment Scheme，SERS）于1995年开始实施，主要是拆除符合条件的旧公共住宅区，重建质量更好、密度和容积率更高的新住宅区，入选地块通常为周边有空地和有重建潜能的低密度公共住宅区[34]。选择性重建计划通过拆除重建新的住房，引入新的年轻家庭，促进老龄化严重的城镇恢复活力。HDB选定地块后，政府依据《土地征用法》，按照市场价征收旧屋，先在周边空地上建设新住宅区，待原居民迁入后，再拆除旧区，作为未来发展的备用地。居民可以选择继续与现有的邻居为邻，保留紧密的邻里关系。再创我们的家园计划和城镇设计指南强调从整个城镇更新发展的角度出发，强化每个城镇独特身份，更加宏观、统筹地部署更新改造与发展项目。

案 例 分 析

新加坡大巴窑：从老旧片区到最有活力的社区

　　大巴窑曾经是大片红树林沼泽地带，以农业和渔业为主。到1954年，大巴窑已逐渐发展为新加坡粮食供应基地。新加坡官方进行的一项调查称，大巴窑是"岛上最肥沃的土地"。1959年，从英殖民者手中争取到独立地位固然令人欣喜，但新加坡的前路并非坦途，更糟糕的是遍布新加坡的贫民窟。而位于新加坡中部的大巴窑是最为典型的大型贫民窟——骑楼摇摇欲坠，环境破旧肮脏，劳工疲惫贫穷，肺结核、登革热和疟疾等热带传播疾病肆虐。新加坡住房危机一触即发。

　　发布于1995年的"住宅区更新策略"指对老旧公共住宅区进行翻新和改造，使之符合新的公共住宅区居住标准的一系列措施，包括"主要翻新计划""中期翻新计划""电梯翻新计划""中期翻新延伸计划""家居改进计划""邻里更新计划""选择性整体重建计划"以及"自愿提早重建计划"。新加坡政府对旧房进行清除、修复和粉刷，并更新配套设施，全面提升居住环境，促进居民交往。

　　迈入21世纪，建屋发展局总部从红山搬到大巴窑的新大楼，建屋发展局同时连接了一个大型购物商场、巴士与地铁枢纽中转站、商业街，围绕着居住区域，共同完成了商务、商业、公共服务和居住的功能合一，这也是新加坡社区设计的缩影，见图3-7。

图3-7　新加坡大巴窑公共住宅区"选择性整体重建计划"实施前后对比

第三节 国内既有住宅更新的先进经验

一、北京：鼓励装配式建筑的应用

2020年6月，北京市住房和城乡建设委员会、市规划和自然资源委员会、市发展改革委、市财政局联合印发《关于开展危旧楼房改建试点工作的意见》，明确"在遵循区域总量平衡、户数不增加的原则下，可通过翻建、重建或适当扩建方式，对危旧楼房进行改造"。在这一背景下，桦皮厂胡同8号楼被确定为北京市西城区首个通过拆除重建方式进行改造的危旧楼改建试点项目，见图3-8。

桦皮厂胡同8号楼建于20世纪70年代，改建前为5层住宅楼，建筑形式工字形，1个单元，一梯四户，共20户。通过前期勘查发现，存在主体结构老化、墙体开裂、部分构件脱落，电线、燃气管线等明线挂在楼体外墙上等安全隐患，经过专业检测被鉴定为D级危房。

图3-8 桦皮厂胡同8号楼改造前后对比

改建前用地面积410m^2，房屋产权证面积1104.4m^2，20户房改产权面积为1002.6m^2，未分摊公共面积101.8m^2。改建后地上建筑仍为5层，户数不变，优化了建筑布局和户型，增设电梯及外墙保温等。改建后用地面积374.93m^2，其中建筑物占地面积240.1m^2，小区公共区域整治面积134.83m^2；房屋建筑面积1194m^2，改建前后面积差值87.09m^2，见图3-9。

2024年5月28日，桦皮厂胡同8号楼项目正式启动原住居民回迁，历时3年多，老住户们在原址住上了新楼。

不同于传统的政府大包大揽式改造，桦皮厂胡同8号楼项目探索出了一条政府—居民合作的自主更新路径。一是打通了"原拆原建"落地的制度堵点，70年产权得到更新;二是市区财政和居民共同出资的危改模式有望得到进一步推广;三是采用装配式集成建筑技术将施工时间缩短至3个月,为模块化建筑在老旧小区改造中的应用提供了宝贵经验;四是更新中介全过程服务,用专业力量推动项目又好又快地完成。

图3-9 桦皮厂胡同8号楼改建前后户型对比

1. 打通"原拆原建"制度堵点

桦皮厂胡同8号楼原产权性质为区属直管公房,后经房改售房20户居民取得产权证,北京德源兴业投资管理集团为房屋经营管理单位,也是本次改建的实施主体。实施主体与房屋所有权人签订委托代建协议,在委托协议规定的权限范围内办理改造项目的立项、规划、施工等前期审批手续。实施主体为非产权主体单位,产权注销后将带来一些影响,其中最难的就是转移登记产生的税费问题,危改试点意见中并未明确危旧楼改建多个产权主体的登记路径。

为解决这一问题,北京市西城区成立了工作专班,由住房和城乡建设部门牵头,规划和自然资源、房管、税务、街道、实施主体等各部门深入调研,结合危旧楼改建已出政策以及桦皮厂胡同8号楼实际情况,北京市规划和自然资源西城分局创新性地提出"产权主体不变、实施主体代建""先注销后首次、一户一首次"的总体办理思路。按照相关政策文件,项目改建完成后实施主体可以申请国有建设土地使用权及房屋所有权首次登记,单套住房包括新增建设面积在内,房屋性质统一登记为"参照经济适用房产权管理"[①]。其中,原住房已转为商品房、

---

① 北京市按经济适用房产权管理的房屋,交易时需要补交土地出让金。居民之后可通过"经改商"手续(补缴3%的土地出让金)变成个人商品房,可以进行二手房交易和买卖。

已购公房的部分，在办理不动产权登记时进行注册，上市转让时商品房部分无须缴纳地价款，新增面积部分应缴纳。

按照该项目的运行模式，改建完成后产权主体保持不变。由于是整体重建，将重新计算楼龄，即按照2024年开始计算。

2. 市区财政与居民共同出资

该项目的楼本体及室外环境的建设出资，采取政府和居民成本共担模式，其中市、区两级财政按照5786元/m²的标准对原始面积部分进行补贴，剩余差额部分由居民自行承担，对于新增面积部分，居民则需要按照综合改建成本进行全额支付。经初步计算，每户居民大致需要出资18～23万元不等，居民们普遍表示接受。地下管网接入等市政基础设施更新则由区财政全额出资。

从政府角度看，相比于传统大包大揽的拆迁式改造，政府节省了高昂的征收拆迁费用，以较低的建设成本解决了危旧住宅安全隐患的问题。但财政补贴600多万元用于更新个人产权房（政府出资超过60%），最终转移成了居民方的资产，本质仍旧是政府出资为主的"补贴更新"，这种模式无法进行大规模推广和复制，只能成为试点工程。

从居民角度看，改造后增加电梯，居住环境和户型改善，还进行了一定程度的增容。桦皮厂胡同8号楼地理位置优越，位于北京二环内，周边交通便捷，配套设施完善，改造后包括新增建设面积在内，房屋性质统一登记为"按照经济适用房产权管理"，居民只需要通过"经改商"手续（补缴3%的土地出让金）就可以变成个人商品房，可以说居民以远低于住宅建设成本的支出获得巨大的资产升值。

3. 装配式技术缩短更新时间

自主更新项目要想具有可复制性和推广性，时间是非常重要的成本，需要尽可能缩短自主更新的工期。桦皮厂胡同8号楼改造项目依托中建海龙科技原创研发的C-Mic技术——"混凝土模块化集成建筑＋预制PC构件"的装配式集成建筑技术，通过功能分区，将建筑划分为若干模块单元，这些模块就像造汽车一样在工厂进行生产，将结构、水电、卫浴设施、电梯设备等在智慧工厂加工完成后运至现场装配，见图3-10、图3-11。

从居民迁出到精装交付、回搬入住，整体工期缩短了1/4（其中从2023年10月原建筑拆除，到2024年1月主体结构施工完成只用了3个月），见图3-12。与传统需要2年及以上建设周期的城市更新项目相比，装配式集成建筑技术将主要制造过程都搬进工厂，极大地节省了居民实际周转时间和费用支出，减轻了居民负担。而且与传统现浇技术相比，装配式集成建筑技术使得施工现场几乎没有噪声和扬尘，夜间也可以施工，见图3-13，降低了对周边居民生活的干扰，固废排放减少75%，现场用工量节省60%，解决老城区施工限制的问题。

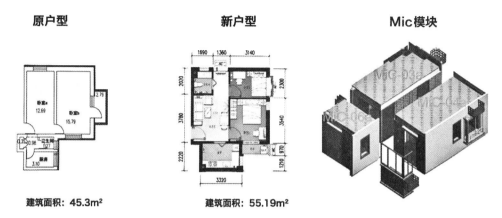

原户型 建筑面积：45.3m²

新户型 建筑面积：55.19m²

Mic模块

图3-10 桦皮厂胡同8号楼项目创新运用C-Mic技术缩短工期

图3-11 正在现场吊装的建筑模块

图3-12 桦皮厂胡同8号楼项目精装交付

图3-13 装配式建筑夜间施工

4. 专业化实施主体全程服务

在桦皮厂胡同8号楼改造项目中，北京德源兴业投资管理集团作为实施主体与房屋所有权人签订代建委托协议，在委托协议规定的权限范围内办理改造项目的立项、规划、施工等前期审批手续，办理施工许可等建设手续，组织施工单位建设施工，后期组织竣工验收直至交付居民使用等全过程服务。

北京德源兴业投资管理集团前身为北京市西城区房屋土地管理局，2017年启动转企改制工作转为国有独资企业，承担由区政府授权的房屋土地经营、管理、开发和服务职能，此次受政府委托，更多出于社会效益和政府职能效益目的，在不考虑盈利的前提下积极推动桦皮厂胡同8号楼项目完成。德源集团的中介角色，将改造的周期和居民介入成本减少到最小，快速推动了自主更新的完成，实际上减少了居民周转的成本，减少了居民更新的压力。

二、南京：居民集中协商机制的建立

为应对城市的危旧房整治工作，南京市于2019年9月出台了《南京市城市危险房屋消险治理专项工作方案》，根据政策，危房翻建由政府补贴40%，业主自付60%。2020年3月，南京市鼓楼区也出台了危房治理工作方案，属地的虎踞北路4号5幢危旧房治理项目也纳入了当年年度高质量发展和重要民生工作考核目标。

虎踞北路4号5幢是座两层小楼，建筑面积约1800m^2，建于20世纪50年代，长期居住着26户居民，住房面积为15～88m^2。由于年代久远加上周边工程施工影响，该幢建筑在2014年被鉴定为C级危房，见图3-14。根据反复论证及所有产权人要求，最终选择以"重新翻建"的方式彻底消除隐患，这是南京市首个由产权人自筹资金准备重新翻建的项目。

图3-14 虎踞北路4号5幢旧貌

2020年下半年，24户居民全部迁出，项目启动。2022年完工交付后，居民最终以不到3100元/m²的价格，守住了自己在城市核心区的居住权，并用框架结构新楼取代了老危房，房产实现增值，居住水平得到了实质改善，见图3-15。

图3-15 虎踞北路4号5幢新颜

1. 微小体量，理念先进

改造项目将楼层平面由原4个单元优化调整为6个单元，使得每户均配置厨卫空间。从朝向上看，原有的65m²户型8户全部朝南，61m²户型4户全部朝北，在改造中，这些旧户型全部被推翻重新设计，建筑入户由原来的"南进南出"改为"北进北出"，做到了24套房子每户都有不低于一间朝南房间，南北通透。从户型上看，整栋楼的结构体系增加两个单元，使原来仅有15m²的户型，通过设计，做到拥有厨房和独立卫生间。从结构上看，采取了"分层排水"为整栋楼做了架空防潮层，架空防潮层预留了出入口，装修改造给水排水管道时，施工人员可以直接进入架空层。通过改造，居民楼南北通透、日照充足，同时在一层平面设置三处公共活动空间，较大改善了居民居住条件，见图3-16。

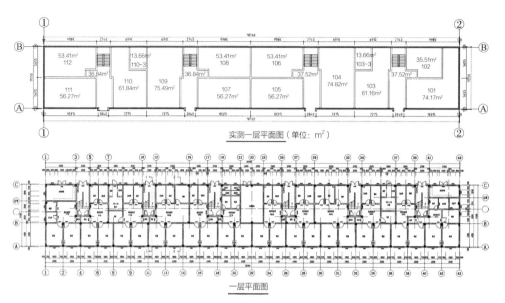

图3-16 项目一层原始平面图和更新后的平面图

2．政府托底，居民自筹

在相关部门、鼓楼区政府、街道、社区的推动下，2020年，虎踞北路4号5幢更新项目获得建设工程规划许可证，并按照"原址、原面积、原高度"的原则，准许翻建。虎踞北路4号5幢更新项目立项金额1211万元，市区两级财政都在第一时间拨付了配比资金，保障了项目启动。同时，主管部门及属地街道考虑到居民的实际经济承受能力，在一轮又一轮反复沟通后，将翻建费用按照市、区和产权人2：2：6比例分摊，后期经审计部门审计后，费用多退少补，实际费用构成见表3-1。

项目实际费用构成情况　　　　　　　　表3-1

部门	项目总建筑面积（m²）	翻建单价（元/m²）	翻建总价（万元）	承担费用占比（%）	实际承担费用（万元）
市财政	1820	5110	930	20%	186
区财政				20%	186
产权单位	（其中，产权单位占320m²，产权个人占1500m²）			60%	98
产权个人					460

3．居民牵头，业主共识

经全体产权人、使用人签名同意，居民成立翻建工程工作小组，负责翻建工程全面工作。根据约定，翻建工作实行集中协商制度，不设组长，集体讨论决定。议事遵循"少数服从多数"的原则，以参与表决人数的80%同意为通过，未能参与表决者视为弃权。经表决通过的决议，全体产权人、使用人必须遵照执行。但同时，更新工作顺利推进，也离不开项目牵头人的努力。居民张玉延为该项目牵头人之一，他认为，危房翻建过程中最关键的因素还是"人"，必须得有人懂政策、善沟通、愿牵头，因为这个过程中需要对接政府部门、居民内部、代建单位、规划部门等机构。

三、武汉：危房合作化改造

早在全国住房制度改革之初，武汉为解决城市住房难的问题，提出"住宅合作社"理念，即由政府房管部门指导组建的一个以中低收入的住房困难户为社员，共同集资、合作建房的非盈利经济组织[38]。

2024年，武汉在危旧房改造上继续深化这一理念，由小区居民、产权单位发起成立"住宅合作社"，与开发企业合作，实现小区"原拆原建"改造。2024年6月，武汉发布了《关于印发支持危旧房合作化改造试点项目若干措施（试行）的通知》（简称《通知》），支持未列入房屋征收计划的危旧房小区开展合作化改造。

青山区21街坊危旧房改造作为首个实践项目于2024年6月开工。21街坊位属新沟桥街道科苑社区，北邻长江，占地面积约6417m²。区域内原有4栋建筑，总建筑面积约8821m²，容积率为1.37，涉及3栋居民楼、1栋武钢单身宿舍楼，共有134户居民。3栋居民楼使用年限均在50年以上，已属"超期服役"。小区还存在着诸多问题，在房屋结构方面，普遍老化、维护保养不足，2022年，经第三方房屋安全鉴定机构鉴定，3栋房屋安全等级均为C级；在基础设施方面，存在设施老化、排水系统老旧、道路系统不完善等问题；在文化生活等方面，文化活动场所不足，缺少必要的配套服务设施，部分居民的自治意识和参与度不高；在配套服务方面，教育资源配置不均，缺少适老设施，绿化环境欠佳。居民群众要求拆迁、改善房屋意愿强烈，见图3-17。

图3-17　改造前的21街坊

1. 探索可持续发展的"住宅合作社"模式，组建联合社

2023年12月22日，青山区21街坊危旧房合作改造联合社成立。联合社作为独立的民事主体，委托房地产开发企业或施工单位建设房屋。社员由小区全体不动产登记权利人组成，制定联合社章程，经政府同意后，向民政部门申请登记为非营利法人社会团体。通过自荐、群众推荐等方式，联合社选出了由居民代表、社区党委书记等8人组成的理事会，全程参与试点关键环节的讨论研究，确保了信息对称、同频交流。通过3轮入户调查、2次社员大会，持续磋商章程、优化资金测算、打磨改造方案，最终形成了联合社章程，选定了代建公司——青山区安居集团，确定了改造方案，见图3-18。

2. "三合一"设计理念融入"完整社区"建设

青山区21街坊项目针对原小区短板，实施中整体统筹社区建设，基于"居民共生、文化共生、建筑共生"的"三合一"设计理念，制订"完整社区"建设项目清单。一是配备养老服务、社区综合服务、物业管理服务，以及满足居民日常生活需求的一站式便民商业网点；二是规划地面专用非机动车停车区，地下机动车库配备20%的充电桩，构建整洁、易行的出行场景；三是配置的社区配套服务与空中架空层功能进行联动设计，结合架空层功能配置党建中心、居民议事厅、周末学吧、四点半课堂等服务功能，构建以党建引领促进各方资源统筹联动的治理机制；四是充分利用架空层、空中花园、裙房屋顶等区域，建设适合老年人的设施,如健身器材、棋牌室等;五是优化公共空间,营造惬意绿色环境。改造后效果图见图3-19。

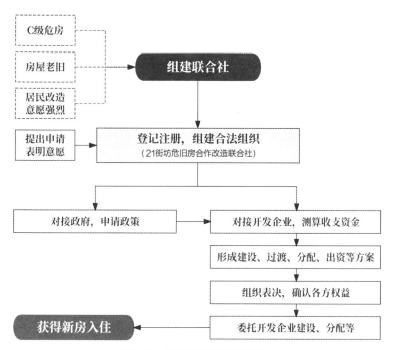

图3-18 21街坊项目组建联合社

图3-19 21街坊项目改造后效果图

3. 政策支持，土地供应与规划许可联动

一是实现土地收储后带方案出让。该项目改造后变成一栋32层住宅，容积率调整至3.7，规划建筑面积23742m²，起始价1.006亿元。青山区安居集团需还建安置总建筑面积约12433m²，可售商品房建筑面积约9352m²，房屋性质由"房改房"转变为商品房。该项目由青山区住房保障和房屋管理局负责监督落实，并承担相应的履约监管、涉讼维稳、信访等法律及行政责任。二是推进项目审批流程再造。武汉市规划和自然资源局青山分局在供地前完成方案审查，使其满足所有规划管控要求，提前完成方案审批前公示，建设工程设计方案编制、规划方案审批前移。打破部门业务壁垒，"一站式"负责项目手续办理，核发了项目的《建设用地规划许可证》《规划（建筑）方案审查意见书》《规划（建筑）方案批准通知书》《建设工程规划许可证》《应建防空地下室的民用建筑项目报建审批行政许可决定书》和《建筑工程施工许可证》6本证书。三是制定土地出让金优惠政策，规定土地出让金按照国家规定的最低标准核定，21街坊危旧房合作化改造项目的土地出让金以基准地价的70%进行核定。

四、台湾地区：居民出资自主更新

我国台湾地区将城市更新称之为都市更新，其经历了粗暴强拆到政策完善的过程。现阶段，在建筑、人口超高龄化及地震灾害威胁的三重挑战下，对老旧危险住宅的重建已经成为我国台湾地区现阶段的社会共识。

1. 都市更新法律政策体系逐步完善

1997年2月，我国台湾地区通过推动城市更新的方式刺激房地产发展，出台《都市更新方案》，规划多个都市更新区域。1998年，我国台湾地区结合城市建设的实际需要，通过了以"都市更新单元"为主要规划理念的《都市更新条例》，并提出了建立权利变换制度、容积率转移和奖励制度，以及税赋减免等充分协调各方利益的机制。至今，我国台湾地区及下辖城市已通过的与都市更新有关的条例，合计约600条，涉及容积率奖励、融资贷款、都市更新会设立、户籍和土地登记、都市更新争议处理审议等，见表3-2。

我国台湾地区都市更新法规情况 表3-2

法规类型	具体项目
法律（3）	都市更新条例
	都市危险及老旧建筑物加速重建条例
	住宅及都市更新中心设置条例

法规类型	具体项目
法规命令（29）	都市更新条例施行细则
	都市更新权利变换实施办法
	都市更新建筑容积奖励办法
	都市更新会设立管理及解散办法
	都市更新事业接管办法
	都市计划容积移转实施办法
	……
行政规则（32）	股份公司组织之都市更新事业机构及协助实施者投资于都市更新地区适用投资抵减办法审查要点
	都市更新前置作业融资计划贷款要点
	都市更新事业优惠贷款要点
	……
解释函（470）	危老建筑容积奖励办法第10条所称适用范围"周边"之认定
	都市危险及老旧建筑物加速重建条例涉及建筑基地内的部分建筑物拆除重建疑义
	都市更新建筑容积奖励办法及都市危险与老旧建筑物建筑容积奖励办法所定"实施容积管制"之认定时点
	……

2. 划分都市更新地区和更新单元

我国台湾地区实施都市更新基于都市计划展开，需要符合都市计划的方向和规定。都市计划在颁布之前，我国台湾地区地方政府会根据城市发展实际状况、居民意愿、原有社会经济关系和人文特色等方面进行全面调查评估，并基于一些现实因素，如建筑物防火能力、邻栋间隔距离、居住环境，或因发生重大灾害如地震、火灾等划定"都市更新地区"。除此之外，民众也可以提出划定的建议，所有更新地区划定须经过都市更新委员会审议通过。

在更新计划中确定更新地区的划定范围，同时根据需更新地区的实际建筑物破损情况以及重大建设的发展等需要更新的迫切程度，将更新地区分为一般更新地区、优先更新地区和政府征用更新地区。在不同级别的更新地区范围内，对于同意实施的更新单元的相关权利人同意比例也相应不同。

更新计划需要基于《地方更新单元划定基准》，依法划定更新单元。我国台湾地区都市更新包括由政府主导的更新活动与民间主导的更新活动，其中，民间主导的都市更新主要分为两类：一类是由开发商所主导的投资型都市更新；另一类是社区居民出资或融资的自主更新。开发商可以在划定区域内或外寻找"都市更新单元"（可以单独进行都市更新的明确地理范围）。

3. 自主更新委员会的筹建

我国台湾地区建立了"业主提出、政府审批、自主筹建"的住宅更新模式。所有自主更新项目由居民自主更新委员会提请更新申请，经政府审批后，居民按照规定进行自主设计及实施，或聘请相关机构进行设计及实施。期间的设计、实施的监管批准，都由政府进行。实施后居民或原址回迁，或由更新委员会提出原单元相应市价金额补偿而离开。

筹建自主更新委员会首先需要形成意见领袖牵头，即需要部分人先达成自主更新改造的共识，形成地块的意见领袖，再通过说服邻里实现共同改造。随后筹建委员会，并由当地居民组建理事会，选举出常任理事，且名额不少于3人，并建立相应规则，形成组织章程，规范后续更新改造事宜的开展，见图3-20。

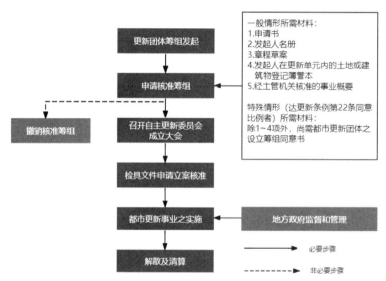

图3-20　我国台湾地区自主更新团体成立、实施改造及解散过程

4. 自主更新事业概要编制

更新事业概要编制和审核是政府部门、实施者和权利相关者之间意见初步达成共识的过程，见图3-21。在内容方面，它主要确定都市更新的执行方向与原则，提出都市更新事业计划的初步构想和摘要性说明。编制过程方面，都市更新概要编制阶段需要通过举办公听会初步听取征询居民意见，以此来决定本地区是否进行更新。合法性取得途径方面，更新概要的报批必须征得更新单元范围内超过30%的私有土地及私有合法建筑所有权人的同意，而且他们的私有土地总面积及私有合法建筑物总楼地板面积也超过30%，之后上报给地方主管机关核批。

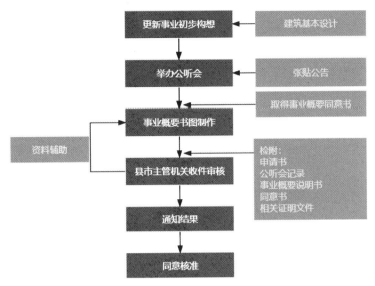

图3-21 我国台湾地区自主更新事业概要编制及审批流程

5. 多数决代替全体同意

我国台湾地区土地和房屋分开进行产权登记，每户居民都拥有一张土地证和建筑证，均为永久产权，一栋楼所占的土地，其产权为全体业主共有。在推动住宅自主更新时，统一居民意见会面临相同的问题，每个人都有一份权力，在住房改建的过程中很难做到所有人都同意，耗时较长。由此，我国台湾地区制定了多数决机制，即在政府所划定的都市更新范围内，如果是政府主导的，不必取得权利人同意；如果是民间主导的，只要大多数人同意即可实施；只需要1/10所有权人同意即可提出事业概要，即简单的大概规划；如果政府没有划定更新单元，但权利人有意愿更新，并通过权利变换实施，需要土地所有权人、合法建筑物所有权人2/3的人均同意，面积要超过3/4。以多数决代替全体同意，是解决以往城市更新难以整合的一个重要难题。在这一政策发布后，有一些未达到100%同意率而推动实施的自主更新案例。然而在台湾地区自主更新实践中也能看到一些因为多数决而出现的负面案例，如下所示。

案 例 分 析

台北文林苑强拆案，对多数决的质疑

2009年6月，台北文林苑被核准实施城市更新时，2009年7月取得建筑执照，且与拆除执照并案办理，依规划进度应于2012年5月完工。然而，38户居民

中有36户同意拆迁并达成协议，占总户数的95%。其余两户不同意，并提起诉讼，状告政府和开发商，于2011年被驳回。2012年台北市政府动用公权力强制拆迁，引起社会舆论。此案引发市民对多数决的质疑，即处理群体事务时，依据多数派意见决定的精神是否能够用于处理私人财产领域？尤其是都市更新的受益方一般为私有住户和开发商而非全体人民时。

案件审判结果中，当地法院维护了多数决制度，但也指出，都市更新文件里有两项不合规。第一项是用于划定都市更新单元的都市更新事业概要，没有设置适当的审议组织来审查，而是由行政机关自行审批，并且在立项时，只要求有1/10的业主同意就可以，门槛太低，必须修正。第二项在项目申请和结果给所有权利人的送达环节，需要更严谨的细节，应通过听证等公开程序，让所有权利人完全知悉、了解送达的内容。

但此次事件导致重建工程无法按时开工，但是拖延至2016年5月完工，9月交屋，这一事件也对我国台湾地区的都市更新产生了重要影响。

都市更新从原先法律上明文规定的多数人同意即可实施，演变为实践中的全体同意（100%的产权人）方可实施。每进行一个环节都要经历申请、公听会、审议等流程，每个流程都包含各种不确定因素，因而影响了更新的效率。很多项目需要经历10余年甚至更长的时间方可能取得所有产权人的一致授权，使得开发的时间成本和资金成本都急剧增加。目前我国台湾地区开始在部分城市推行"简易都更"，意在简化更新流程、提升更新效率，但简易都更的科学性和可行性还有待时间考验[35]。此外，后续开发商更多以"代理实施"的方式介入自主更新，开发商作为专业的投入者，带着技术和资金，与房屋所有权人合作，但开发商不参与分配更新后的房屋，仅收取服务费用。

6. 容积率奖励支持

对提供更多公共设施、公共空间或保留原历史风貌及扩大更新单元规模、缩短更新时序等有利于都市更新整体规划，推动更新进程，贡献公共利益的更新单元给予一定的容积奖励[36]，见表3-3。

我国台湾地区的政策将都市更新项目设计准则融入容积率申请奖励的办法中。比如，鼓励更新项目沿着街面向后退缩，让出人行道，并取得相应的奖励容积，再规定人行道应如何设计，等等。此外，除了都市更新审议委员会审查更新案，还另设有都市设计审议委员会，对建筑方案进行审查。比如协调性部分，如颜色、材料等。这两个委员会共有三四十位政府代表及专家委员。因二者联动相关，所以两个委员会是联席审查[37]。

我国台湾地区容积率奖励项目表 表3-3

条目	奖励项目	奖励限度及计算公式
第五条	容积管制前合法建筑物高于基准容积	按照原建筑容积建设，或给予10%基准容积奖励
第六条	限期拆除的建筑	10%基准容积奖励
	结构安全性能未达最低等级的建筑	8%基准容积奖励（与前项不得累计）
第七条	社会福利设施或公益设施，建设后建筑物及土地产权登记为公有	社会福利设施/公益设施不计入容积 奖励不超过30%基准容积 容积奖励＝社会福利设施/公益设施总楼板面积×奖励系数
第八条	协助取得并开辟都市更新计划范围内或周边公共设施用地，产权登记为公有	奖励不超过15%基准容积 容积奖励＝公共设施用地面积×（公共设施用地土地现值/建筑基地土地现值）×建筑基地容积率
第九条	古迹、历史建筑等整体性保存、修复、再利用及管理维护	古迹、历史建筑等不计入容积 容积奖励＝该保护建筑实际建筑面积×1.5
第十条	建设绿色建筑	钻石级，10%基准容积奖励 黄金级，8%基准容积奖励 银级，6%基准容积奖励 铜级，4%基准容积奖励 合格级，2%基准容积奖励 （前项各款不得累计）
第十一条	建设智慧建筑	钻石级，10%基准容积奖励 黄金级，8%基准容积奖励 银级，6%基准容积奖励 铜级，4%基准容积奖励 合格级，2%基准容积奖励 （前项各款不得累计）
第十二条	取得无障碍住宅建筑标章	5%基准容积奖励
	依住宅性能评估实施办法办理新建住宅性能评估	第一级无障碍环境，4%基准容积奖励 第二级无障碍环境，3%基准容积奖励 （前项各款不得累计）
第十三条	取得耐震住宅建筑标章	10%基准容积奖励
	依住宅性能评估实施办法进行评估	第一级结构安全，6%基准容积奖励 第二级结构安全，4%基准容积奖励 第三级结构安全，2%基准容积奖励 （前项各款不得累计）
第十四条	自办法修正一定时期内拟定都市更新事业计划报核	划定应实施更新地区5年内，10%基准容积奖励 划定应实施更新地区5~10年内，5%基准容积奖励 未划定应实施更新地区5年内，7%基准容积奖励 未划定应实施更新地区5~10年内，3%基准容积奖励

续表

条目	奖励项目	奖励限度及计算公式
第十五条	都市更新事业计划范围重建区段含一个以上完整计划街廓	5%基准容积奖励
	更新事业计划范围的土地面积0.3~1万m²	5%基准容积奖励 且每增加100m²，0.3%基准容积奖励
	更新事业计划范围的土地面积1万m²以上	30%基准容积奖励
第十六条	更新前门牌户20户以上，且同意以协议合建方式更新	5%基准容积奖励
第十七条	处理违建建筑	以违建建筑实测面积给予容积奖励 奖励不超过20%基准容积

注：基于我国台湾地区《都市更新建筑容积率奖励办法》自绘。

第四节　分析与小结

在统一居民共识方面，有组织推动，以法规政策界定居民自主更新意愿达到比例是目前较为常见的做法。日本通过推动多元民间组织参与到团地再生中，政府在民间组织和居民的协作中起到了联结作用，这将基层政府从协调居民间的利益中解放出来。我国台湾地区的都市更新法律规范在逐步完善，规定业主需成立"自主更新委员会"，作为更新项目的实施主体，此外，我国台湾地区以多数决制度推动自主更新，即需要2/3的产权人同意，面积超过3/4方可执行。当然这个过程中也面临着明文规定的多数决和现实审议程序中要求的100%之间的矛盾。这也导致我国台湾地区自主更新案例依然是占据极少数，不少还处于仅申报未继续后续作业，或者自主更新委员会筹组失效或撤销的状态，推进实施周期非常漫长[39]。

在政府容积率支持方面，目前我国大陆地区自主更新项目受到控规制约，如不实现重新供地，则规划难以调整，而国外和我国台湾地区已经提出了相适应的容积率支持政策。如日本为推动老旧小区更新，于2002年增加了业主自主更新模式，简化了相关程序，并通过容积优惠调动市场参与。我国台湾地区针对都市更新出台了容积率奖励的政策法规，以保障民间自主更新有效实施，目前开发商参与居民住宅更新存在挑三拣四的情况，需要容积率奖励和高利润吸引，但开发商参与也导致居民对其存在着不信任的情况；台湾地区推行由住户自行组织发起住宅改造的居民自主更新，立意是鼓励小区自主重建住宅，但因为台湾地区现有的都市更新制度不偏好小基地，政府放宽执行标准、增加奖励上限，导致基于价值增值推动动机增高，实际执行却依旧困难[40]。同时台湾地区一些失败的自主更新案例也给我们一些启示，自主更新项目应该以公共利益为导向实现多方利益平衡，容积率奖励能够提升居民改造动机，但这一模式并非商品住宅建设，也不能一味放宽门槛，以过多容积率奖励，牺牲全体居民利益来成全少部分居民的居住需求。

在多渠道资金筹集方面，日本政府对居民住宅改造资金补助上也主次分明，重点对一些不符合抗震标准的住宅实施补助，并基于居民人口老龄化特点开发了针对性的贷款模式，如"老年贷""长期低息贷"，以挖掘住房金融市场潜力推动住宅改造。英国政府的城市更新政策在实施中逐步转变，从最早的自上而下的政府操纵，发展到以市场为主导、以引导私人投资为目的，最后演变为公、私、社区三方合作，让公众参与到城市更新的过程中，变被动为主动，此外英国政府通过设立城市更新专项基金，实施伙伴团体竞争机制，来更好地激励当地社区居民、志愿组织、公共部门和私有部门形成良好的协作机制，并提供资金保障。新加坡对私人住宅，明确由业委会决定翻新时序，业主不得拒绝并应承担全部费用。若私宅存在安全隐患，则由政府发出指令强制要求进行维修和翻新，费用全部由私宅业主承担，一般业主一经缴纳维修基金，由业委会执行，从维修基金中支付。

在新技术应用层面，通过技术创新来缩短项目周期、提高交房速度，很大程度上能够帮助解决居民尤其是老年群体的后顾之忧，也有利于统一居民自主更新的意愿。如北京桦皮厂胡同8号楼危旧楼房改造项目，采用装配式建筑技术大幅缩短项目建设周期，极大节省了居民在外安置周转时间和相关费用支出。新加坡还通过立法，对所有新建筑和经过重大更新的既有建筑设立最低环境可持续性标准，并制定了"建筑能效改造融资计划""空中绿意津贴计划"和"建筑减音创新基金"等绿色激励计划。

由于不同国家和地区的制度不同，住宅建设和发展有差异，土地权属有区别，一些经验和做法也难以完全照搬照抄。如新加坡私人住宅更新以"业主维修基金+业委会执行"这一模式，受限于我国城镇老旧小区住宅缺少公共维修基金，存在历史欠账，难以完全实施。此外，在借鉴各个城市经验时，既要了解政策的差异性，也要吸取一些教训。

需要看到，居民能够出资，除了对改善居住条件的考量，还有一些现实的经济因素。如北京目前已经实施的几个危旧房拆除重建项目，原房屋产权基本属于直管公房，重建后转变为"按照经济适用房产权管理"居民个人产权房，作为国内房价较高的城市，居民房产具有较大的升值价值，因此统一居民意见、撬动居民出资的难度相对减小。此外，对于居民出资行为，政府也应该有监管机制，预防部分居民违约。如南京的危房翻建项目，居民分多期出资，但是存在着个别居民后期未按照规定出资而导致全体居民不动产证无法办理的情况。

我国城镇老旧小区自主更新模式探索

从"谁受益、谁出资""谁主体、谁出资"的要求出发，城镇老旧小区改造的主体应该是全体居民，但我国城镇老旧小区改造目前主要依赖政府财政支出，随着居民对改造的需求不断提高，财政压力持续增大。长期来看，可能会因财政资金有限而导致改造进度放缓，无法及时满足居民对改善居住环境的迫切需求。因此，无论是从民意导向出发，还是以政府职能出发，探索以居民为主体的自主更新改造模式已经势在必行。

第一节 老旧小区自主更新定义

老旧小区自主更新是经城镇老旧住宅（小区）全体产权人一致认可，在政府引导下，由全体产权人作为项目实施主体，自发组织、自筹资金，通过改建、翻建、拆除重建等手段开展的房屋更新改造活动，是城镇老旧小区改造的方式之一。目前，老旧小区自主更新重点针对城镇住宅小区中原国有土地上具有危房情况或重大安全隐患且未被纳入政府征迁规划的房屋，主要是通过政府政策支持、基础设施投入、增设公共服务配套等来推进，并由产权人委托政府或国有平台实施，见图4-1。

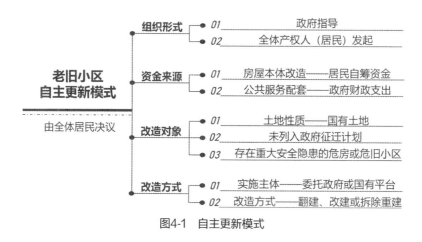

图4-1 自主更新模式

城镇化进入中后期之后，城市建设发展已经逐步进入存量时代。在这样的背景下，今后老旧小区自主更新将会越来越普遍，甚至会成为城市更新的一种重要模式，更是满足人民对美好生活向往的重要路径，也是建设共同富裕基本单元的重要举措。老旧小区自主更新是重要的惠民工程、发展工程，应当遵循"三个坚持"：一是坚持公平、公正、公开原则；二是坚持城市上位规划，适当给予政策支持；三是坚持居民出资，政府引导。

着眼长远，老旧小区自主更新的范围应逐步扩大到城镇的既有住宅（小区）。这里需要指出的是，老旧小区自主更新不是城市"大拆大建"，也不是"征收拆迁"，更不是居民借机"一夜暴富"，而是城市居民对共建美好家园和城市发展的责任担当。

前文提到的北京、南京等危旧房拆除重建的案例中，居民虽然有出资，但是政府补助依然占了较高比例，是处于从政府主导向居民主导的过渡阶段，虽然相比于过去政府完全兜底具有较大的进步，但仍不属于严格意义上的自主更新。近年来，杭州、广州等城市在地方政府的积极推动和指导下，充分发挥居民的主体作用，结合危房解危，试点推进城镇老旧小区自主更新，通过居民自筹资金、参与小区管理等方式，为可持续推进城镇老旧小区改造开辟了一条全新的路径。

自主更新模式有利于推动"五大转变"，见图4-2。一是转变旧改模式，从"土地征迁"转向"原拆原建"，降低城镇老旧小区改造成本；二是转变主体意识，从"要我改"转向"我要改"，形成居民自主决策、自主实施的新路径；三是转变政府角色，从"替你改"转向"帮你改"，从"实施者"转向"引导者、助推者"；四是转变出资模式，从"政府兜底"转向"居民出资"；五是转变受益模式，从"拆迁暴富"向"谁受益、谁出资"转变，从而促进社会公平，最终实现美好生活、共同富裕的愿景。

图4-2 自主更新模式推动"五大转变"

第二节 发挥城市居民主体责任

我国城市发展秉持着"人民城市人民建、人民城市为人民"的重要理念，强调城市的核心是人，城市居民是城市生活的主体，是城市空间的直接使用者，是城市建设的需求主体。《进化中的城市：城市规划与城市研究导论》一书提出：人们对城市的要求是多样化的，强调公众参与对城市规划的重要性，必须把城市变成一个活的有机体。

我国打造人民城市和社会治理共同体的最终目的在于不断满足人民对美好生

活的需要[41]。城市更新正是一个城市硬件配套、功能布局、空间资源等不断调整以满足居民需求的过程。《城市即人民》①提到：重要的不是城市硬件设施和经济规划本身，重要的是实现社会目标——让城市成为一个宜居、安全、繁荣、多元、便利的地方。老旧小区改造作为重要的民生工程，其目标也是如此。

城市居民是城市的主体，是构建美好生活的受益者，也是责任者。居民在享用城市便捷、高质资源和服务时，也应该有对城市建设的贡献和责任，特别是在我国城镇化的中后期，居民依靠"大拆大建"快速获得高收益的观念需要转变，不能总是想着要政府给予"拆迁补偿""货币安置"等。

理解了城市生活空间和人民生活相互依存的关系，才能建立"人民共建"的城市价值生产模式。城市居民的权利与义务关系的理想状态应呈现为"居民义务的履行促进其权利的实现，居民权利的行使促进其义务履行的自觉，进而实现居民权利与义务的相对均衡"[42]。城市是居民生产、生活和栖息的场所，让居民获得更为便捷的交通设施、健全的医疗教育资源、干净有序的公共空间，居民成为城市建设和治理成果的享受主体。但与之对应的是，城市居民也是参与城市建设和治理的责任主体，应该充分发挥主人翁地位，有义务改善城市风貌，维护城市公共利益，以更积极的态度参与到老旧小区改造、居民自治的实践中，实现城市可持续发展。

物业产权人自主更新是城市更新的重要模式。自主更新的实现，一方面充分展现了居民在城市更新中的主体性地位，也是房屋安全主体责任的依法落实，是自身应尽责任和义务；另一方面，拆除重建或改建、扩建往往都包含着对于原始房屋居住功能的大幅度改善，更新地块在更新后一般都会增加公共设施用地、优化居住环境，对于房屋的市场价值也会带来附随利益[43]，这也成为居民在实体上享有获得更新的权利。

第三节　自主更新试点项目实践

一、杭州市拱墅区浙工新村

1. 项目概况

原浙工新村位于杭州市拱墅区朝晖六区西北角，共由14幢建筑组成，其中住宅13幢，非住宅1幢，现为浙江工业大学退休教职工活动中心，见图4-3。13

---

① 亨利·丘吉尔. 城市即人民［M］. 吴家琦，译. 武汉：华中科技大学出版社，2016.

幢住宅中,除浙江工业大学专家楼建于2000年以后,其余12幢住宅建造于20世纪八九十年代,其中4幢住宅经鉴定为C级危房,建议立即加固或作其他排危处理。鉴于对上述危房进行拆建将影响周边同时期建造房屋的结构安全,拱墅区提出了拆改结合方案,即对浙江工业大学专家楼实施整治改造,对其余12幢住宅及退休教职工活动中心进行拆除重建。

图4-3 浙工新村改造前

浙工新村的改造方案经历了很长的前期决策阶段。最初67幢鉴定为危房,浙江工业大学于2001年实施加固处理;2010年,浙江工业大学计划二次加固,居民联名反对;2014年和2016年,浙工新村64幢、66幢、67幢、74幢房屋被鉴定为C级危房。浙工新村不仅面临着房屋结构较差的问题,小区环境品质、配套基础设施也难以满足老年人口比例近半数的小区居民生活需求,见图4-4~图4-7。

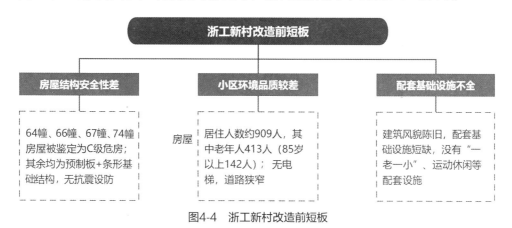

图4-4 浙工新村改造前短板

如果采用"拆迁商业开发"模式进行全面改造,估算资金缺口为7~8亿元,政府公共财政压力极大;如果采用"落架大修"模式,根据2022年提出的方案,所需资金约为9633万元,4幢危房每户居民需承担约7518元/m²的大修费用。按照以往惯例，该笔费用由政府承担，但此方案对于居住环境、房屋品质、配套基础设施并无实质性提升[44]，居民因获得感不强而普遍反对，因此浙工新村的改造方案始终无法定调。2020年10月，中共浙江省委第十四届第十一轮巡视指出"久拖未决"；2023年1月，中共浙江省委第十五届第一轮巡视指出并列入"七张问题清单"。

图4-5　浙工新村改造前设施短缺

图4-6　浙工新村改造前道路狭窄

图4-7　浙工新村改造前立面陈旧

2. 项目建设方案

本次拆除重建项目涉及住户548户，建筑面积3.85万m²，见图4-8、图4-9。

户型面积（m²）	户数
65	20
76	20
81	85
91	78
98	109
106	172
117	64
汇总	548

名称			设计条件要求	规划数值	备注
总用地面积（m²）				26428	不含专家楼宗地2662m²
其中	建设用地面积（m²）			26428	
	道路用地面积（m²）				
总建筑面积（m²）				81085	
地上总建筑面积（m²）				56601	
其中	地上总建筑面积（m²）			56601	
	住宅（m²）			53949	不含专家楼4642.21m²
	其中	回迁商铺（m²）		680	
		配套服务用房（m²）		1533	
		其中	物业管理用房（m²）	地上总建筑面积3%	188
			物业经营用房（m²）	地上总建筑面积4‰	276
			养老服务用房（m²）		335
			社区配套用房（m²）		734
			消防室（m²）		59
			垃圾收集站（m²）		60
			电房开闭所（m²）		320
地下建筑面积（m²）				24484	
其中	地下车库（m²）			21184	
	夹层（m²）			3300	
建筑密度				29.6%	
绿地率				27.40%	
限高				≤36	
其中	机动车停车位（m²）			490	
	地上停车位（m²）			10	
	地下停车位（m²）			480	
	非机动车停车位（m²）			1080	

图4-8 浙工新村改造总平面图

图4-9 浙工新村施工现场

（1）减少复杂户型，提升住房舒适度

浙工新村本次自主更新的12幢住宅楼原有户型多达54种，且建筑面积60m²以下的户型占比较高，难以满足现有居住需求。小区居民自主更新委员会牵头组建"新村新未来"议事平台，就自主更新方案中房屋户型、面积、公共配套等问题充分征求居民意见，召开各类别、各层面、多轮次的议事会议，形成了民情民意"收集—议事—解决—反馈"的有效闭环机制。

最终，浙工新村以"套内面积不减少"为原则，确定新房置换面积，充分考虑楼层、朝向等因素后进行面积补差，规定每户扩面以20m²为上限，并设计出7种面积的9种标准户型，居民可以根据自身经济、人口等实际情况进行选择，最大限度保障和提升居民的居住权益，见图4-10、图4-11。

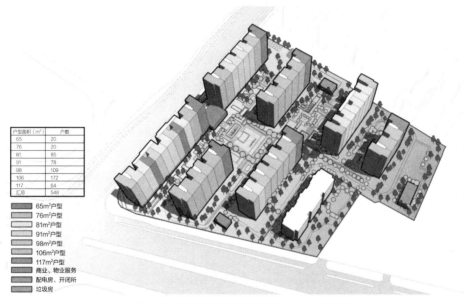

图4-10　浙工新村新建房屋7种面积户型分布

图4-11 浙工新村新建房屋9种标准户型设计图（一）

图4-11　浙工新村新建房屋9种标准户型设计图（二）

（2）融入完整社区和未来社区创建理念

浙工新村在方案设计中融入完整社区和未来社区的创建理念，对原配套公共设施严重不足的地方做出提升。新建社区用房、物业用房、老年活动中心、婴幼儿照料中心、健身场所和文化休闲空间等配套设施超2000㎡，设置地下车位近500个，道路实现无障碍建设、人车分流。实施自主更新后，小区绿化率也将极大改善，见图4-12、图4-13。

图4-12 浙工新村公共空间效果图

图4-13 浙工新村绿化规划

（3）续写运河文脉，打造特色立面

浙工新村项目位于城市核心区且毗邻浙江工业大学及大运河，设计充分考虑地域文化特色并转化为设计语言，赋予建筑独特的生命力。浙工新村立面设计理念源自运河文化，构成线条连续似蜿蜒的运河形态，建筑色彩以灰白色为主色调，辅以深灰色作为点缀，传承江南传统的建筑色彩。同时，屋顶设计借鉴大运河传统民居屋顶的优美弧线，形成优美的轮廓曲线，见图4-14、图4-15。

图4-14　浙工新村自主更新改造后效果图

图4-15　浙工新村立面及屋顶设计效果图

（4）测算资金平衡，实现经济内循环

据资金测算，该项目总支出包括建设投资、居民租房补贴、第三方服务费用、拆房费用、临时住宅过渡用房装修费、管线及苗木迁移费、周边住宅检测加固费、原房装修补贴及财务成本等，合计后的居民出资总额大约占到重建总费用的80%，再加上政府政策性补贴投入，实现了项目资金平衡。该项目还能撬动内需，实现经济内循环，见图4-16。

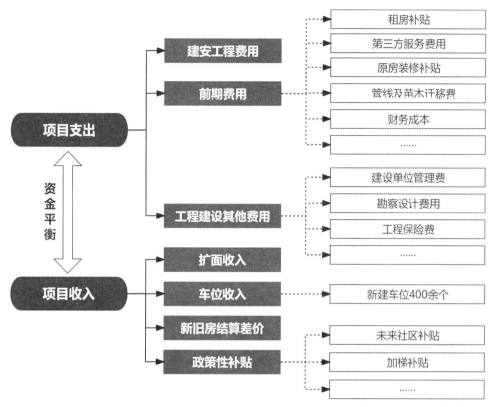

图4-16 浙工新村自主更新项目资金平衡测算

3. 项目实施推进

2023年以来，拱墅区以"居民主体、政府主导、住建主推、街道主抓、街校主责"为基本原则，以"拆改结合"为具体解危路径，实施浙工新村13幢危旧房拆除重建，成为全省首个居民自主更新的危旧房改造项目，见图4-17。

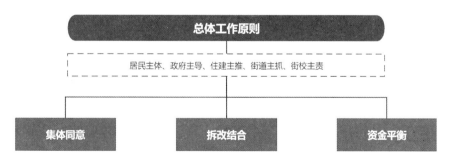

图4-17 浙工新村改造总体工作原则

项目拆除原13幢建筑，拟建成7幢小高层建筑，建筑高度33m；改造1幢专家楼；新建住宅及地下室、绿化、配套公建和附属设施等；建筑面积约81506m²，预估总投资约为64583万元，见图4-18。

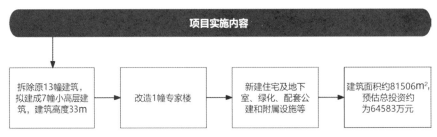

图4-18 浙工新村改造项目实施内容

项目于2023年4月22日启动，84天基本完成签约，66天基本完成腾房，11月28日开工建设，目前已完成桩基工程，推进主要节点见表4-1，预计2025年底前竣工。

浙工新村项目推进主要节点 表4-1

时间	项目节点
2023年4月22日	浙工大和区政府联合召开项目动员会
2023年5月18日	自更会提交申请书
2023年5月20日	区政府批复
2023年6月5日	完成3次入户调查，准备启动签约
2023年6月底	基本清零
2023年7月11日	自主更新委员会提交启动申请书
2023年7月14日	区政府批复启动项目
2023年10月8日	腾房基本结束
2023年10月9日	开始拆房
2023年10月16日	经现场公示后，正式初步设计批复
2023年11月6日	项目招标完成
2023年11月8日	项目拆房完成
2023年11月28日	项目开工
……	……

然而，作为杭州市自主更新模式的首次尝试，浙工新村项目在实施过程中仍然遇到了许多困难与政策上的瓶颈。例如，为了达到日照标准，上塘快速路30m绿地控制线需要突破；因项目施工需要，现场共需迁出、调剂457株苗木，数量大、难度大，现有绿化迁移政策标准难以执行等。为了从根本上推动浙工新村自主更新项目的实施，各单位、各部门积极探索、灵活管控，克服了重重挑战，得

到了宝贵经验，见表4-2。

浙工新村项目推进政策瓶颈　　　　　　　　　　表4-2

阶段		问题	实际做法或建议
前期方案研究		绿地控制线：根据规定，建筑应退让上塘路快速路边30m绿地控制线（图4-19）；但是因日照等原因，本项目建筑局部需要突破上述规定	本条已经市政府备忘录通过
项目审批阶段	立项	—	本项目基于以下原因，最终采用以旧改联审联批模式组织项目审批。 ① 容积率：由于整个朝晖六区规划容积率为1.8，而经规划测算，目前已经建成部分的容积率低于规划水平，为此，按照区块平衡原则，浙工新村项目容积率适当提高。 ② 用地：旧改以小区为单元实施项目，可以规避规划地块单元红线调整问题。 ③ 规划指标：由于老旧小区历史原因，日照等指标无法满足现行规范中楼间距要求，实际根据《杭州市人民政府办公厅关于全面推进城市更新的实施意见》（杭政办〔2023〕4号）执行。 ④ 施工许可：老旧小区改造可以容缺工规证办理施工许可
	选址	选址红线：根据现行控规，本地块和东侧的朝晖六区同属于一个规划地块。本次如仅仅实施浙工新村改造项目，按照基本建设流程，需要调整控规，否则无法单独划选址红线	
	初步设计联审	规划指标控制：日照、楼间距、车位、退界、市政配套、绿地率、容积率等经济技术指标与现行规范要求存在差距	
	供地	① 土地性质不一问题：浙工新村为浙江工业大学开发的自管房，部分房改后上市交易转为商品房，土地通过补缴出让金已转为出让性质；部分仍为"房改房"，土地为国有划拨性质。 ② 权证注销问题：根据规划要求，项目如果要重新供地，业主应提前完成产证注销，保证净地划拨。但是考虑到部分业主原房屋存在抵押等问题，且全体业主产证注销时间不一致，周期较长	
	工规证	由于没有供地手续，无法核发工规证	
	施工许可	由于前期手续按照建议流程办理，没有工规证，理论上不具备办理施工许可证条件	
绿化迁移		因项目施工需要，现场共需迁出457株苗木，数量大、难度大。后经区委、区政府大力协调，在市园文局的支持下，加快办理审批手续后迁移（30cm以下树木，全市范围调剂；30cm以上树木，区内范围调剂）	① 针对老旧小区树木多的现状，建议省、市园文主管部门出台文件，界定苗木的重要程度，减少审批量和迁移量； ② 所有树木建议全市范围调剂
办证		由于未重新供地，土地证不能重新核发	按照"旧证换新证"的模式，采用"带押过户"形式，更新房建成后通过居民补交扩面费用的形式办理新的不动产证

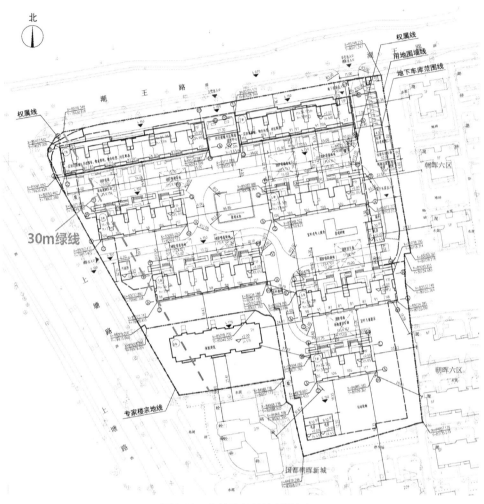

图4-19 上塘路绿地控制线问题

浙工新村危旧房自主更新项目在实施推进中的经验可以总结为以下几点：

（1）坚持理念创新，凝聚更新共识

一是探索城市更新可持续实施模式。浙工新村项目一改过去更新项目由政府大包大揽的局面，通过多轮上门沟通，逐步引导居民转变观念，从"政府出资改"变成"我要出资改"，将政府的角色从出资者、实施者变为引导者、助推者，形成政府引导、居民出资、市场参与的多元化更新推进模式，实现居住条件改善、环境质量提升、市场主体获益的多赢局面。项目在对照周边二手房、次新房小区价格基础上，通过合理修正确定扩面单价及车位价格等方式，明确居民出资数额（户均出资90万元），有效破解了传统更新中政府全部兜底的问题。

二是创新城市更新居民主体实施模式。浙工新村项目以"一楼幢一代表"为原则成立由13人组成的居民代表自主更新委员会（简称"自更会"），代表多数居民行使权利，采用委托政府部门的形式实施项目改造。自更会充分依托居民代表的优势积极开展政策宣讲、舆论引导、入户沟通等工作，有力推进居民签约、问题协调等工作，充分发挥了居民和政府之间的桥梁纽带作用。2023年5月20日，自更会在全体居民同意率达到96%的情况下提出委托政府启动项目；2023年7月14日，自更会在签约达到近100%的情况下，向政府申请提出正式实施项目，最大程度代表全体居民的一致意愿。

三是坚持人民城市人民建的理念。充分征求全体居民的意见，通过3轮问卷调查，摸清居民诉求。在方案设计中，一方面全力保障居民居住条件改善的需求，以每户新房套内建筑面积不低于旧房套内面积为基础，以户型优化为目标，确定"每户扩面面积不超过20m²"原则，设计出七种标准"户型"供居民结合家庭经济状况进行选择。另一方面积极补齐公共服务配套缺失的短板，坚持完整社区、未来社区的建设理念，将大运河文化、浙江工业大学精神融入设计风格，新建社区用房、物业用房及老年活动中心、婴幼儿照料中心、健身场所、文化休闲等配套设施约1500m²，设置地下车位近500个，并实现人车分流。

（2）坚持政策创新，探索实施路径

一是灵活用好规划政策。坚持政策红线不突破，立足大运河空间管控和机场限高等国土空间上位刚性要求，妥善解决项目规划红线限制等问题。坚持用地性质不改变，不重新供地、不补交土地出让金，做到"去房地产化"。围绕各项指标不弱化的要求，片区统筹容积率，合理确定日照、楼间距、车位配比、绿地率等，同步保障周边地块的相邻权益，新建房屋由原来13幢7层改为7幢11层。

二是重塑优化审批流程。类似浙工新村这样的自主更新项目全省尚无先例，拱墅区以此次更新为契机，进一步探索项目从立项、审批、建设到验收、办证的全流程路径，即以旧改联审联批并出具的会议纪要代替用地、工程规划许可，建设单位凭会议纪要等办理施工许可和质安监手续，项目完工后开展部门联合验收。原房产证不注销，在腾房时由建设单位收缴，更新房建成后按照"带押过户"原则和"以旧证换新证"模式，通过居民补交扩面费用的形式办理新的不动产证。

（3）坚持机制创新，汇聚攻坚合力

一是党建引领赋能增效。专题成立项目临时党委，以党建引领统筹资源、积聚力量，积极发挥临时党委的领导核心和党员的先锋模范带头作用，及时协调解决急难险重问题，打好团体战、攻坚战，为加力提速项目签约提供有力支撑。

二是坚持四级联动多维发力。打通市—区—街道—社区四级落地路径，其中市区两级建立联席会议制度和专题会商制度，区一级成立工作领导小组开展压茬推进，全面打通层级壁垒和部门条线壁垒，属地街道全面动员、社区全员压上，真正落实心往一处想、智往一处谋、力往一处使。

三是基层自治提质增效。建立居民议事协商平台，建立"新村新未来"议事平台，就房屋户型、面积、公共配套等问题征求意见，构建民情民意"收集—议事—解决—反馈"闭环机制。在社区党委带领下，发动物业、物管会和群众性社团等多方力量，积极开展小区服务日、党员面对面、民情恳谈会等活动，加强政策宣讲、舆论引导、意见收集、沟通协商等工作。

4. 面临的困难和堵点

浙工新村的自主更新试点实践积累了许多宝贵的经验，但在执行落地过程中也遇到了一些困难和堵点。

（1）自主更新委员会的法律地位和运作

自主更新的主体有别于政府征迁，是由居民自身参与，但由于城镇老旧小区居民多，若要实施推进，应该要求自主更新委员会（或业委会）从项目启动、筛选实施主体、制定更新方案、施工建设到联合验收全流程各个重要节点高效运转。因此，在这个过程中，对于浙工新村自主更新委员会这一居民组织的运转程序需要全方位合规，而目前我国对自主更新委员会的法律地位、权利和义务尚无界定。

（2）居民更新同意率的法律依据

目前浙工新村的居民更新同意率为100%，这一数值界定主要的法律依据为《中华人民共和国民法典》，提出的由专有部分面积及人数占比2/3以上的业主参与表决且应当经参与表决专有部分面积及人数3/4以上的业主同意。由于当前为试点阶段，为确保项目减少争议，而定了较高的数值门槛，在这个过程中地方政府和工作人员耗费较大的精力，导致其缺乏可复制性。在后续推进中，需要司法、人大等充分论证，定一个更合理的数值，既能够满足大部分居民的更新意愿，又能够降低社会风险。此外，对于居民异议，也需要相关部门研究如何加强合规性保障。

（3）居民和实施主体委托关系审查

自主更新需要对实施项目的进度、成本和品质进行管控，具体职责由实施主体担任。在居民或者自主更新委员会引入实施主体时，鉴于居民缺乏专业性知识，一是应如招标投标一样设置合理的竞争机制和准入门槛，同时应明确指定相关政府机构辅以合规性审查；二是应通过相关法规明确居民和实施主体的权利和义务，同时应由相关的监管机构对实施主体的实施进度、更新方案执行情况、财务执行情况等全流程监管，对全流程中的关键参与主体适用一定的行政许可。

（4）不动产拆除物上附着权利处置

不动产拆除还会直接影响到物上附着权利，最常见为"抵押"和"查封"等情形。不同于征迁情境下安置房的确定性（现房）或政府背书（期房），自主更新下未来利益的确定性在相关权利人眼中并不如前者稳固。自主更新因有建设期，不能直接平移抵押，这就要求业主先行涤除抵押或查封情况。而目前对于该种情形尚无依据，需要司法、金融等机构制定相关保障机制，妥善处理物上附着的各种权利，以保障各方的合法权益，避免产生法律纠纷和社会矛盾。

为了保障居民的财产权，在进行不动产拆除时，应当遵循合法的程序。《中华人民共和国民法典》对不动产物权的设立、变更、转让和消灭进行了规定，不动产物权的设立、变更、转让和消灭，经依法登记，发生效力；未经登记，不发生效力。

（5）土地退让和土地兼并问题

浙工新村毗邻上塘高架，按照规划要求，用地红线应实施30m退让，在本次更新中经过论证未退让。后续自主更新项目依然会出现这一问题，按照城市规划和居民生活宜居角度考虑，居民若采取退让，需要有关部门研究制定居民土地退让补偿机制。

浙工新村周边有两块零星用地，目前涉及审批程序问题，暂未兼并使用。自然资源部在相关文件中对于零星土地联合开发提出了政策支持，但在执行层面，则需要明确零星用地采用划拨出让和协议出让两种方式的适用情形、申请方式、办证方式，以及协议出让使用权的定价标准等。

（6）自主更新项目税费减免政策缺乏依据

城镇老旧小区自主更新对于改善居民生活条件、提升城市整体形象具有积极意义，但拆除重建成本过高，居民经济负担过重，若无税费减免机制会阻碍项目实施。但税务减免过于宽松，还需要避免居民以投资为目的的自主更新倾向。因此应研究和制定明确的税费减免政策，参考类似领域的成功经验，比如，可以借鉴一些城市在棚户区改造或老旧建筑节能改造等方面的税费优惠政策。

二、杭州市余杭区桃源小区

1. 项目概况

桃源小区位于杭州市余杭区瓶窑镇华兴社区，良渚古城遗址公园西侧，北至新窑路，西至东兴路，东至华兴路。小区建于20世纪80年代，占地约60hm²，建筑面积约6.4万m²，涉及房屋38幢，户数566户，居民1560余人。

改造前小区呈现三大特征：一是房屋权属复杂，含单位集资房、自建房、"房改房"；二是小区现状问题繁多，如物业管理缺失、基础设施陈旧、公共配套较少、交通组织无序等；三是人口老幼占比高，60岁以上的居民占21.47%，18岁以下的居民占16.00%。

桃源小区于2022年启动老旧小区改造工程，共有3幢被鉴定为C级、D级危房。结合房屋质量和居民改造意愿，3幢危房均已制定专项治理方案，其中桃源小区30幢由于业主未达成一致意见，采取危房加固解危；18幢、22幢危房采用优化后的"三原"原则（原址、原高度、原面积）实施拆除重建（面积2110余平方米），两幢房的业主分别通过招标自行确定承建单位，最终由两家单位承建。

18幢位于小区西侧，原有5户居民，总建筑面积900m²左右，一楼是超市仓库，二到五楼一层一户。22幢位于小区中间，是学校集资房，共有8户居民，总建筑面积1200m²左右。一楼是架空层，二楼以上一层两户，每户户型面积在120m²左右。项目总投资约450万元，由居民100%出资。在完成方案设计、公示和施工图审查的基础上，目前桃源小区18幢已完成拆除，正在主体施工；22幢已完成拆除工作，见图4-20。

图4-20　桃源小区18幢、22幢改造前

2. 项目建设方案

桃源小区18幢和22幢危房重建项目无新增建筑面积，不涉及新增建设用地。

18幢原有建筑面积为894.41m²，原有占地面积为307.52m²，原有建筑高度为17.77m；18幢重建结构形式为框架结构，屋顶采用倒置式平屋面，重建后建筑面积为894.37m²，重建后占地面积为307.38m²，重建后建筑高度为17.55m。

22幢原有建筑面积为1216.94m²，原有占地面积为263.75m²，原有建筑高度为16.18m；22幢重建结构形式为砖混结构，屋顶采用倒置式平屋面，重建后建筑面积为1216.85m²，重建后占地面积为262.95m²，重建后建筑高度为15.55m，见图4-21。

图4-21 桃源小区18幢、22幢改造后效果图

3. 项目实施推进

为积极推进桃源小区自主更新改造，镇里和社区干部利用晚上和周末时间召开协调会，经过三四十次会议，协调近半年。在重建过程中，也遇到了一些现实难题，如要避免重建工程对邻近楼幢的影响，需要协调好其他楼幢居民的工作。

同时，华兴社区以"邻里共建、邻里共治、邻里共享"理念为导向，建立"桃源议事会"专题民主议事协商制度，给居民搭建一个协商议事平台，定期召开专题民主协商会议，进行老旧小区自主更新改造与社区治理相结合的治理探索。通过协商讨论，社区针对小区自主更新改造专门组建了"桃源宣讲团""桃源帮帮团""桃源监督团"三团①，助力小区改造；将老旧小区自主更新改造与服务提升相结合，真正让这项民生实事工程得民心、顺民意、暖民心。

---

① 桃源宣讲团：担任政策宣讲，及时将相关讯息传递给居民的同时营造良好的改造氛围。桃源帮帮团：收集居民意见，解答居民疑问，及时化解改造期间的各类纠纷和矛盾，推动项目顺利开展。桃源监督团：监督各项目的施工质量，联合项目监理咨询等单位督促施工单位整改到位，确保项目保质保量完成。

项目出资方面，居民出大头，政府出小头。房屋主体结构的建设费用，如打桩、基础框架结构、内部装修等由业主自己承担。按照工程合同，两幢楼房工程总造价约355万元，不增设地下车库，主体工程建造成本约1700元/m²，即每户出资为20万～30万元。对大多数家庭而言，经济压力不会太大。涉及外立面、屋面防水及雨棚、花架、窗户等包含在小区旧改部分的外立面整治工程由政府出资承担（共约120万元）。加装电梯部分，总费用55万元（其中居民出资10.5万元，政府出资44.5万元）。

桃源小区以楼幢为单位启动自主更新，实施的灵活性和可操作性较强。但受"三原"原则（原址、原高度、原面积）限制，不得扩面，住房户型改善的程度有限。

在重建过程中也遇到了一些现实难题，如要避免重建工程对邻近楼幢的影响，需要协调好其他楼幢居民的工作等。

4. 面临的困难和堵点

（1）历史遗留的用地问题

桃源小区两幢房屋实际使用用途为住宅，但土地性质为仓储用地和教育用地。本次自主更新，虽每户居民均有出资，但土地性质依然无法改变，也无法办理产权证。这种历史原因造成的土地性质与使用用途不相符的情况，在老旧小区中较为常见，为彻底解决这些历史遗留问题，在自主更新中应明确土地性质变更的具体流程和审核评估机制。

（2）小区功能配套改善有限

在原土地上对单幢房屋拆除重建，虽然目前暂时解决了危房等居住安全问题，但依然难以解决整个小区功能布局不合理、公共服务配套缺失等问题，如未增设地下停车库、小区停车问题依然无法解决，整体居住体验改善受到影响。

（3）更新同意率问题

桃源小区原有3幢危房，在本次自主更新中2幢危房采取拆除重建，另一幢危房因一户居民未同意出资而采用了结构加固措施。因此，对于自主更新项目更新同意率界定需要法律支持。

三、广州花都区集群街2号楼

2024年3月，《广州市旧城镇改造实施细则》公开征求意见，提出：旧城镇全面改造或混合改造项目，可由改造范围内的房屋所有权人直接出资，作为改造主体实施改造。2024年6月,《广州市城镇危旧房改造实施办法（试行）》正式发布,提出:单幢危旧房屋可按不增加户数、不改变原建筑用途、基本不扩大原建筑基底、基本不改变四至关系的"四不"标准进行改造提升,并鼓励与周围相邻建筑开展连片集中改造;老旧小区可按不增加户数、不改变原建筑用途、不突破用地红线的"三不"标准实施拆除翻建,并规定危旧房改造所需资金应由房屋使用安全责任人自主筹集实施。

2024年3月,广州市首例多业主自主筹资更新、政府给予激励的拆危建新试点项目——集群街2号楼正式启动。集群街2号楼位于广州市花都区新华街丰盛社区,属于花都区的老城和核心区域,该楼建于1976年,建筑为五层混合结构,首层16间商铺同属1名业主,二至五层为住宅共24户,其中15户属花都城投集团的国有产权房,9间属私有房屋,业主大部分为退休老人。房屋因年代久远,墙体开裂、三线混乱、消防设施不完善等问题严重,被鉴定为D级危险房屋（整幢危房）。2023年9月,广州市首批老旧小区成片连片改造项目——广州北站东侧老旧小区项目正式启动。该片区总投资约5.94亿元,重点开展片区内人居环境提升、老旧小区微改造等工作,集群街2号楼在项目改造范围内,被纳入多产权业主危房拆建,见图4-22。

集群街2号楼的居民及产权单位改造意愿十分强烈,相比于"加固＋微改造",业主更青睐于采取危房拆建的方式。根据估算,拆除项目改造资金约785万元,区住房城乡建设局牵头会新华街、社区居委会开设拆建资金共管账户并开始筹资,所有业主需要按4600元/m²的标准进行资金预缴,于2024年3月初完成拆建资金预缴工作,2024年3月18日起正式围蔽拆除,预计2024年12月底项目完工。由于受到现行规划管控制约,该项目在实施中绕开了容积率管控和规划调整,不走控规调整。

图4-22 广州花都区集群街2号楼改造前实拍图和改造后效果图

1. 自筹资金,共同承担

在社区居委会与全体业主的多次共商协调下,集群街2号楼实现了全体业主

100%同意原拆原建的目标。2023年11月16日，集群街2号楼所在社区居委会与业主代表、企业代表分别开设共管账户管理拆建资金，全体业主共同委托了广州市花都西城经济开发有限公司作为项目改造主体。拆建投资估算785万元，按照"谁受益、谁出资"的原则落实业主出资责任，由业主共同承担改造成本，目前已基本完成业主改造资金预缴纳工作。

2. 政策支持，以人为本

花都区巧用奖补政策，一方面，对于前期已确定由区属国企作为改造工程实施主体的项目，经花都区政府同意，补贴前期设计等相关费用，约50万元；另一方面，为激发居民改造的动力，解决筹资难的问题，社区工作人员从讲解政策到纾困解难，解决了个别业主对"自掏腰包、自拆自建"的后顾之忧，对低保家庭、低收入困难家庭、特困人员、特困职工家庭、军人抚恤优待对象予以补助，每平方米补助1000元。

3. 优化内部结构，完善服务设施

在集群街2号楼新的设计规划中，将以不增加原有居民户数为前提，确保每户独立成套、户型方正、日照充足，提升隐私和实用性，厨房、卫生间面积分别达到4m^{2}和3m^2。为满足无障碍和适老化改造需求，新楼将在满足规范标准的基础上，加装两部内置电梯，并针对残障住户，开展无障碍户型细微设计。同时，集群街2号楼所在片区将在原基础上增加600个停车位，缓解业主的停车压力。此外，新楼还将重新设计供水设施，解决水压不足的难题；铺设燃气管道，实施"瓶改管"；改善消防设计，将建筑楼梯间距由原来的0.9m提升至1.2m，增设自然通风系统、室内消火栓等消防设备，有效保障人民群众生命财产安全。除了对硬件设施进行升级外，花都区还在全市首创以财政激励的方式动员居民自主引入专业物业或准物业管理，解决老旧小区无物业管理以及后续长效管养难的问题。

第四节　适用不同基础条件的模式类型探索

一、原地自拆自建

1. 类型定义

原地自拆自建是一种城镇老旧小区自主更新模式，即小区居民在原有土地范围内对老旧建筑进行拆除，并在符合现行规划条件下重新规划建设新的居住设施。更新后居民户数不变，土地使用年限不变。在更新过程中，居民通常以集体或合作的方式参与其中。小区原住户是更新行动的主导者，他们自行组织成立相关机构或者委托专业团队，负责整个更新项目的规划、设计、资金筹集以及建设施工管理等一系列工作。这种模式充分尊重原住户的意愿和需求，新的建筑设计和功能布局会根据居民的生活习惯和期望进行调整优化，同时也注重对小区历史文化元素的保留与传承，以维持社区的认同感和归属感。如上述的浙工新村、桃源小区等项目都属于此类型。

2. 适用情形

（1）建筑结构老化严重但土地产权清晰的小区。这类小区的房屋往往存在结构安全隐患，如墙体裂缝、屋顶漏水等问题，但土地权属没有争议，能够为自拆自建提供明确的产权基础，便于居民自主开展更新工作。

（2）实际容积率低于现有规划容积率的小区。按照自然资源部发布的《支持城市更新的规划与土地政策指引（2023版）》规定，加强保障民生和激励公益贡献为导向核定容积率，在依法依规制定相关规则时，可重点考虑以下情形：为保障居民基本生活需求、补齐城市短板而实施的市政基础设施、公共服务设施、公共安全设施项目，以及老旧住宅成套化改造等项目，在对周边不产生负面影响的前提下，其新增建筑规模可不受规划容积率指标的制约；为满足安全、环保、无障碍标准等要求，对于增设必要的楼梯、电梯、公共走廊、无障碍设施、风道、外墙保温等附属设施以及景观休息设施等情形，其新增建筑量可不计入规划容积率。除了上述不计容的规定以外，在小区实际容积率低于规划容积率的情形下，通过适当扩面，能够改善居住条件，提高居民更新和出资意愿。

二、局部住户转移

1. 类型定义

局部住户转移模式主要是为更新后满足现有控规和居住标准，通过科学规划和协调，综合评估小区的建筑现状、土地利用规划以及居民的经济状况等因素，由居民通过自筹资金，对原地块所有住宅拆除重建时，以资金补偿等形式，使得部分居民外迁，外迁居民拿到货币补偿后可以自行购买房屋。更新后住户减少，达到中心城区人口疏解的目的。针对部分原住户转移，政府在自主更新政策支持中要避免出现绅士化[①]情形。

---

① 绅士化是指一个城市在旧区改造或重建过程中，高收入阶层的人群（通常是中产阶级或更富裕的人群）迁入原本由低收入人群居住的社区。这一过程导致社区的社会经济结构、文化氛围和物质环境发生变化。

2. 适用情形

小区内存在局部严重影响居住安全或不符合规划要求的区域，城镇老旧小区因早期建设不合理而形成的危房集中区；或因城市控规调整后，小区原有容积率远高于现行规划指标控制，对于这些区域老旧小区，为满足现有居住区建设，小区自主更新中难以沿用旧有容积率，必须引导部分居民外迁，有效解决安全隐患和规划冲突问题，实现容积率转移。

三、临近地块合并

1. 类型定义

临近地块合并模式是指在城镇老旧小区自主更新过程中，将老旧小区与其相邻的地块进行整合利用的一种更新策略。这种模式突破老旧小区原有土地范围的限制，通过合理规划和土地资源整合，实现更大规模的更新改造。合并的临近地块主要是闲置的空地、零星地块或其他功能可以调整的国有土地。在合并后，对整个区域进行统一规划设计，重新布局居民住宅、服务配套、公共空间等功能区域，打造一个功能更加完善、空间布局更加合理的新型社区。更新后户数原则上不增加，土地使用范围有所增加，土地使用年限保持不变。

这一过程需要协调多方利益，包括老旧小区居民、政府相关部门等，确定土地整合的方式、补偿机制以及新社区的规划方案，实现区域的整体发展和价值提升。新增土地使用应按划拨或者协议有偿使用的方式，根据自然资源部发布的《自然资源部办公厅关于进一步加强规划土地政策支持老旧小区改造更新工作的通知》的有关规定办理，即零星用地经属地自然资源主管部门组织论证不具备单独供地条件的，经有批准权的人民政府批准后，可按划拨或者协议有偿使用土地的有关规定，依法依规确定土地使用权人。

2. 适用情形

（1）自主更新项目周边存在边角地、夹心地、插花地等零星用地，经属地自然资源主管部门组织论证不具备单独供地条件的，可探索与自主更新项目实现联合更新。例如，一些城镇老旧小区周边有长期荒废未利用的城市边角地。这些相邻地块的存在为与老旧小区的合并更新提供了土地资源基础，使得在更新过程中能够有足够的空间来完善小区的功能配套，如增加停车位、绿地、社区活动中心等。

（2）城镇老旧小区土地资源紧张且自身改造空间有限的情况。部分老旧小区由于建设年代久远，土地利用效率低下，但受限于自身土地面积狭小，无法在内部实现完整的功能更新。此时，通过与周围闲置地块合并，可以获得更多的土地资源，从而更好地解决小区内的交通拥堵、公共设施不足等问题，实现老旧小区的全面升级。

（3）城市功能布局调整需要对老旧小区及其周边进行统筹规划的情况。当城市发展到一定阶段，需要对特定区域的功能进行重新定位和优化，可以将老旧小区与周边闲置地块整合开发，形成更具规模的地块，避免土地资源浪费，提升片区活力。

第五节　影响自主更新模式实施的因素

一、统一和征求居民更新意愿难

1. 城镇老旧小区产权较复杂

结合第二章第一节内容能够看到，老旧小区产权复杂是受我国住房制度变化的影响。新中国成立后，我国在计划经济体制下逐步建立了以福利分房为主的住房体系，在城镇范围内实行福利性质的住房分配，以国家统包、无偿分配、广覆盖、低租金、低居住水平和无限期使用为主要特点[3]。在城镇住房制度改革之前，住房产权公有（即国家或集体所有），一般产权人为政府、各级房产管理部门、机关、社会团体或国有企业事业单位。

为适应经济体制改革的要求，城镇住房制度改革（简称"房改"）在全国拉开帷幕，自1998年下半年开始停止住房实物分配，逐步实行住房分配货币化，逐步推进住房体系的市场化转变。凡单元式的住宅楼房，产权单位均可按准成本价向职工出售，这些出售的公房被称为"房改房"或售后公房。按房改成本价购买公有住房的城镇居民，在补交土地出让金或土地收益后，向房屋所在区、县房管部门申请办理商品房的房屋所有权证，原则上就可以将售后公房自由上市交易。

目前，根据我国法律规定的权责一致原则，住宅小区建筑本体、小区环境和设施设备的管理维护和更新改造，原则上应由房屋产权人主导。对商品房小区而言，产权结构明确，更新改造的权责相对清晰。相比之下，一些公房小区的更新面对的问题更为复杂，这些公房由于建造年代久远，往往成为危房，其主要产权问题是承租权和所有权的混淆，公房作为福利分配给职工租用，并未转移房屋所有权，但承租公房的单位职工一旦低价承租，可对承租房屋永久占有、使用；承租人外迁或死亡，原同住者原则上可以继续承租，在事实上形成一种永久承租权[45]。因此，在改造更新时，承租人预期获得等同于产权人的权利，但不倾向于承担责任和义务[46]。

"房改房"小区更新面临的主要产权问题是产权多元并存。一是小区内住房未全部房改。未房改公房和"房改房"在同一小区、同一栋建筑中共存，增加了更新的难度。二是"房改房"公共部分产权转让不完全，原产权主体已经将专有部分出售给承租人，但小区的公共设施设备依然登记在原产权单位名下。根据《中华人民共和国民法典》对业主的建筑物区分所有权的相关规定，业主对建筑物内的住宅、经营性用房等专有部分享有所有权，对专有部分以外的共有部分享有共有和共同管理的权利[47]。导致住宅产权人无法等同于法律意义上的业主，无法行使相应的权利。三是同一小区涉及多个原产权单位。比如同一小区既有房管部门的直管公房又有单位自管公房，或者存在所涉产权单位破产、重组、转制、搬迁等情况，影响更新改造过程的责权确认。

2. 缺乏有效的执行组织

自主更新是全体产权人在原土地上对城镇老旧小区住宅进行更新。居民数量多，意见多，主群体庞大且分散，需要协调各方利益，组织有效的沟通和决策活动也需要大量的人力和物力，每个业主的意见都需要被听取和考虑，这在实践中往往难以实现。需要一个能代表居民利益的强有力执行组织来实施推动，否则会寸步难行。

不少学者均认可居民参与在社区微更新和社区营造中的作用，无论是居民自治组织、意见领袖还是居民志愿者等，都能发挥作用。拉扎斯菲尔德等人在《人民的选择：选民如何在总统选战中做决定》中提到，意见领袖一般指活跃在人际传播网络中，经常为他人提供意见、观点或建议，并对他人决策施加不同程度个人影响的人物[48]。我国台湾地区学者涂瀚云等（2023）也认为，民间团体（Citizen Organizations）的带领与整合，以及其与居民间进行沟通并协助资源分配能够推动社区发展。民间团体一方面，承接了社区与政府部门进行沟通的功能；另一方面是社区营造的启动与协调的机构[49]。

国内外不少实践也佐证了这一点。在日本团地更新中，居民自治会、社会组织或者协会发挥了自下而上的推动作用；而新加坡私人住宅更新则由业委会执行；我国台湾地区居民自主更新前需要成立自更会；南京虎踞北路4号5幢则是由一个居民代表张玉延带领热心居民推动实施。浙工新村案例中，则通过"一栋一代表"建立了自更会。

目前我国城镇老旧小区失管现象已经大幅度减少，但一些老旧小区由于户数少，缺乏引入物业、成立业委会的条件，依旧存在无物业、无业委会的情况。同时针对业委会能否代表居民行使自主更新的权利仍有争议，从现有的法律法规看，《物业管理条例》中提出业主委员会应当依法履行职责，不得作出与物业管理无关的决定，不得从事与物业管理无关的活动，并提到改建、重建建筑物及其附属设施事项由业主共同决定。从上述法规看，自主更新面临拆除重建，需要全体业主共同决定，而业委会这一居民自治管理组织，暂无权代替所有居民行使权利。

自主更新委员会的成立同样如此，如我国台湾地区由居民组成的自主更新委员会，在自主更新中承担着重要的角色，包括内部意见的统一以及作为组织向政府提交申请。而目前关于自主更新委员会筹建政策或法律依据、建立和解散流程尚属空白，自主更新委员会行使的权利和义务也尚未明确，此外，自主更新委员会成立后需要建立哪些规则、组织架构和组织章程也无相关参考样本。

3. 利益分配公平性问题

对居民而言，他们关心的问题较为直接：小区自主更新需要花费多少钱？如果家庭拿不出那么多钱应该怎么办？政府会提供多少补贴？改造时间需要多久？改造期间如何安置？改造后能拿到怎样的房子？面积有没有增加？这些问题是推进项目自主更新中需要向居民答疑解惑的，也是影响自主更新能否实施的重要因素。

由于自主更新往往涉及小区邻里共同居住问题中最为隐私和核心利益的部分，对民众而言，最大的症结还是在于权利分配，需要以产权利益的公平分配为核心推动各类权利所有人共同参与。业主需求和利益的多样化使得统一意见变得极为困难，"设防心态""紧张感"以及"积攒的怨气"都属于普遍问题。一是业主对补偿标准和安置方案的公平性也存在争议。不同楼层、不同户型的业主在补偿和安置方面的诉求各异，例如，高层住户可能要求更多的经济补偿，而低层住户可能更关注居住环境的改善，如何平衡这些利益成为一大难题；二是很多居民担心改造过程中自己的利益会被忽视或受损，担心改造后自己的改造投入与后续房产价值升值不成正比；三是部分业主因个人因素不愿意妥协，还有部分业主对改造项目缺乏兴趣或持观望态度，增加了意见统一的难度，影响了项目的顺利推进。

4. 信息传递不对称问题

在城镇老旧小区自主更新中，由于居民人数多、意见多，目前主要存在着以下问题：

一是传统的意见表达渠道信息渗透力较为有限。如社区会议、公示等传统信息发布渠道，覆盖面有限，且参与人员有限，项目推进过程中，业主难以及时获取关于项目进展、决策过程和具体实施步骤等全面详细信息，最终使得他们的意见无法得到及时表达和反映，影响居民对项目的信任感和支持度。例如，许多年轻业主可能因为白天工作，无法参加社区会议，错过了表达自己意见和了解项目进展的机会。

二是信息不对称不透明容易产生误解。由于政策和方案较为复杂，部分业主缺乏深入了解，或因许多业主难以全面理解部分内容，对其存疑。例如，业主可能不清楚补偿标准的制定依据、安置房的分配原则以及改造后的社区规划，不仅容易在推进过程中对业主意愿进行误判，部分业主可能会认为改造项目是政府为了谋求利益，而非为了改善居民的实际居住条件，从而产生抵触情绪。在这种情况下，如果政府缺乏政策辅导，或者基层缺乏政策解读的能力，就难以帮助居民精准了解符合自身需求的政策，无法解决居民顾虑，无法让政策发挥实效。

三是缺乏有效的意见反馈机制和渠道。一些业主参加会议并表达意见后，缺少有效的政府机构、相关组织来回应居民问题，导致业主的反馈往往难以得到及时回应和处理，居民意见被忽视，容易产生抵触情绪。此外，在根据《中华人民共和国民法典》要求统一居民更新意愿上，也应尊重少数人的权利。然而目前表达异议的反馈渠道，或者针对协调不成的意见应该如何处理等方面都是缺失的。这使得业主的意见难以真正影响决策过程，进而影响项目的推进和顺利实施。

二、筹措资金和居民承受能力不一

1. 居民承受能力有限

城镇老旧小区拆除重建项目所需的资金量大，如果依赖政府财政支出和补贴，压力过大。目前实施的老旧小区自主更新项目中，政府将老旧小区改造补助资金纳入补贴范围，减轻了居民的负担，但难以覆盖全部前期费用。总体而言，推进城镇老旧小区自主更新的关键依然在于居民。

目前自主更新项目除小区建筑本体建设、基础市政配套改造、小区服务配套建设等重建工程费用，前期还包括原房产评估、方案设计、监理、测量、人工拆除、建筑垃圾清运等其他费用，后期包含物业管理等经费，新建小区的物业管理费、维修基金等费用，往往比老旧社区高出一些，公共服务费的增加也给居民带来额外的经济压力，包括社区的电梯、养老设施等配套的维护和运营成本等后期都需要居民担负。多数希望进行自主更新的危旧小区居民的财力有限，难以在短时间内筹集到足够的资金用于项目启动。

然而城镇老旧小区中有不少老年群体和困难群众，这部分人群的经济来源主要是退休金，或者微薄的收入，出资能力偏弱；不少高龄老人则担心房屋建造周期过于漫长，难以回迁；城镇老旧小区居民也存在大量的租户，自身无条件参与到自主更新的决策中，而房屋产权人如果对自主更新项目知晓度不足，且建设过程中会损失部分租金利益，也会影响出资力度。

媒体采访居民对自主更新表达的顾虑

我们年纪大了，能搬几回房子？三四回了，我自己造，草房改平房，平房改楼房，都拆掉，平房拆掉，楼房拆掉。现在这个房子住得蛮舒服的，还要再搬？**像我们七十多岁，还有多少年数？**

旧房改新房都支持的，**但就是价格，能不能承受？** 这个是关键的因素。

原拆原建，我们也喜欢，老百姓只要越便宜越好。我们小区老年人多，**像我退休工资只有4000元都不到。**

拆，我们是支持的，但是要我们拿出钱，**我们肯定是拿不出钱的。我们是老百姓，我们还有贷款。**

每平方米业主需要**出4000元**，如果是100m²，就需要出40万元，这笔钱并不是每家都能拿得出来。不少人本就**有房贷要还，如果再添贷款**，肯定难以承受。

房子拆了重建，建设期间一家人如何**安置？** 孩子**上学问题**怎么解决？如果**开发商资金链断裂**怎么办？

有的业主不住这里，房子是长年出租的。"原拆原建"好几年收不到租金，还要**交很多钱**，自己以后又不会来住，为什么要同意呢？

注：内容根据媒体报道整理。

在自主更新模式下，居民除了需要承担更新改造的建设资金，还可能面临改造后居住成本的增加。重建后的社区房屋质量和环境有所提升，配套设施更加完善，但这也带来了相应的物业管理费、公共服务费的增加。例如新增电梯、养老配套设施、儿童游乐场等，其维护和运营成本往往需要通过公共服务费来覆盖。对居民而言，虽然会享受到更好的社区服务，但也意味着需要支付更多的费用，特别是对于老年人和低收入家庭，可能会超出他们的经济承受能力，进而降低其自主更新意愿。

此外，重建过程中的临时搬迁，也带来额外的经济负担。在拆迁安置阶段，部分居民需要临时租房居住，这意味着他们需要支付额外的租金和搬迁费用。解决这一问题需要综合考虑居民的经济状况，通过合理的费用分摊机制、政府补贴和支持等方式，降低居民的经济负担，确保他们能够接受相应的自主更新成本。

2. 居民出资意愿不一

居民出资意愿难统一存在着主观因素和客观因素两个方面。

主观因素方面，不少城镇老旧小区居民从单位产权房过渡到自有住宅中，虽然在不断推进居民参与和社会投资，但是长期以来城镇老旧小区改造、危房解危和无物业清零等工作主要依赖政府兜底，老旧小区居民缺乏出资意识，导致主张享有小区管理利益较为积极，而对小区管理义务的承担则较为消极。此外，在传统的老旧小区成片征迁改造模式中，政府方通常是利用各种奖励方式来减少与居民之间的协商成本。因此经常看到，改造项目中一户常常除了能获得翻倍的住房面积，还能拿到十几万到几十万不等的过渡补助和奖励费用，这导致居民在自主更新项目中依然对政府补偿抱有幻想，展开拉锯战。

客观因素方面，城镇老旧小区人群在年龄结构、职业结构、收入结构、改造诉求等方面差异较大，因此在一致化的出资标准协商上也往往存在较多的难题。如较富裕的业主可能更倾向于接受货币补偿，希望能通过拆迁获得一笔可观的资金用于其他投资或搬迁到更高档的社区。而经济状况较差的业主则可能更加关心能否获得更好的安置，从而改善目前的居住条件。年轻家庭通常更关注子女的教育、社区配套设施的现代化以及交通便利性，他们期望改造后的社区能提供更好的学校、更多的儿童活动场所和便捷的交通条件。而老年业主则更在意医疗、养老设施以及社区的安全和安静度，他们希望社区能够提供便利的医疗服务、适合老年人活动的场所和安静、安全的宜居环境。

3. 市场参与积极性弱

（1）自主更新项目具有公益属性

一是城镇老旧小区自主更新项目本质上属于民生工程，具有较强的公益属性。因此，城镇老旧小区自主更新项目的实施主体仅仅是作为技术和服务投入赚取收益，难以像房地产开发那样获得较高的卖房收益。此外，后期收益的部分，如增加的配套用房、配套设施运维收益等，也需要由所有居民明确转让权益获得，且一般投资回报周期较长，对社会资本的吸引力相对有限。

二是自主更新项目较为零散、不成规模。不同城镇老旧小区之间基础现状和居民改造意愿不一致，因此，自主更新规模一般较小，较难实现空间集合改造效应，且一些自主更新项目将目标锁定在居住功能的完善上，这使得被改造的小区难以与周边街区的整体发展相统筹，难以形成以区片集约改造为模式的整合化协同效应，也难以获取因片区改造整合产生的溢价价值。目前，不少已经拆除重建的项目都属于少数楼栋更新，如浙工新村已经属于规模较大的自主更新项目，从其他省市的经验看，北京、南京、广州等城市危房拆除重建基本上也以独栋、少量楼栋为主，涉及居民户数少，本身不具备盈利条件。

（2）自主更新项目协调难度大

一是自主更新项目本质上体现了"人民城市人民建"的理念，委托方是所有产权人，同时由于城镇老旧小区产权相对复杂，既有公共产权人也有私人产权人，利益诉求纷繁复杂，在统一认识、统一行动等方面存在较大的难度，如居民搬迁一旦周期过长会导致项目延期、成本投入大。更新设计方案要遵循居民的意愿，且涉及内容较多，包含搬迁方案、项目设计、造价、周期预估和后期物业管理等，在多次征集居民意愿中不仅需要反复修改以保证获得全体居民的支持，还需要对居民进行说服和安抚。

二是自主更新在小区房屋、相关设施产权复杂多样的情况下，需要进行资产所有人意见与利益协调，对象中可能包括政府的房管部门、企事业单位等主体。实施中还包含土地平整、楼栋拆除、管线移除、乔木移植以及后期的再建设和安装等，需要协调的部门较多，如规划、水电、燃气、园林、建设等，要获得这些部门的协调政策、协调行动、协调资金。

三是与新建项目相比，自主更新项目还需要得到周边居民的理解和支持，对噪声扰民、污染等进行投诉处理，而这些需要协调的要素综合起来，本身就是一个庞大的复杂系统工程。

4. 缺乏明确的金融政策支持

不少城镇老旧小区自主更新改造项目中，都面临居民收入微薄、积蓄较少，存在资金缺口无法支付相关费用，存在房屋抵押情况，过渡租房有困难等。在杭州和广州的两个成功实施的案例中，都有政府协助，帮助居民贷款，才使得一些困难群众能够筹集资金。

虽然业主作为产权人，在自主更新项目中理论上可以申请金融机构融资，然而实际操作中，在顶层设计尚未明确的情况下，银行等传统金融机构针对这些城市更新项目，仍然需要融资主体提供合格的抵质押物，以确保贷款的安全性、合规性和收益性。而如果每个自主更新项目均需要政府出面协调并背书，也会造成人力资源的浪费。

此外，目前我国城市更新基金一般由政府支持，国有企业牵头并联合社会资本设立，主要对象为政府重点推进项目，而缺少对一些中小民生项目的支持，同时，部分地区也缺乏用于城市自主更新项目的专项基金，仅能以城镇老旧小区改造名目对基础设施和公共服务设施改造部分进行专项补贴。

而针对居民个人，金融机构也缺少相关民生类金融产品支持。一是我国居民的融资渠道较为单一，缺乏其他多元化的融资方式，主要依赖于银行贷款，在资金筹措上缺乏灵活性和选择性；二是城镇老旧小区自主更新不涉及拆迁补偿等主要用款项，且因多数危旧社区的居民整体年龄较大，居民个体的还款能力、信用等级也有较大差异，银行和金融机构对居民整体的经济评级偏低，难以承担大规模的贷款风险，贷款审批和发放难度较大；三是即使居民能够获得贷款，一旦贷款利率过高，加重了居民的经济负担，导致居民在偿还贷款时面临更大的经济压力，高利率也使得居民在进行成本效益分析时认为项目不划算，导致居民即使有更新意愿，也会面临着短暂的资金缺乏的困境。

5. 资金监管不够透明

自主更新项目动用的是全体居民的资金，如何在项目中正确使用也是居民极为关心的问题，一是要避免资金浪费，每一笔钱花到实处；二是要避免资金落入个别人口袋，导致个别人借助自主更新而赚取个人利益；三是要确保所有第三方机构仅赚取服务费用而非大量牟利。这不仅需要居民有能力建立财务监管机制，还需要政府在其中监管，否则任何一方未遵守诚信原则都会降低居民对其信任度。

居民资金怎么缴纳，放在哪个账户中，后期的账目如何公开，如何确定项目成本价格，都需要居民来监管，然而这些与财务相关的事项都需要专业人士参与，存在较高的门槛限制。同时不少地方居民出资分期支付，如果这个过程中出现居民反悔的情况，其中产生的财务成本、损耗如何界定也是一大困难点。再如，浙工新村项目由委托代理人先行垫付启动资金，虽然降低了前期执行门槛，但后期费用收缴，或居民出现其他意外导致后期无力支付费用等情况，也是亟须考虑的问题。

三、实施主体与代理人的责任不清

1. 双方委托关系建立不规范

目前，全国拆除重建项目中，虽然在文件中提出支持市场参与，例如上海《关于加快推进本市旧住房更新改造工作的若干意见》中提出，支持引入市场主体参与旧住房更新改造，由区政府组织公开遴选市场主体，接受业主委员会、公房产权单位或管理单位委托实施更新改造。广州发布的《广州市城镇危旧房改造实施办法（试行）》提出，城镇危旧房改造项目由房屋使用安全责任人自主筹资实施，也可依法引入市场主体合作改造实施。

虽然新建小区在土地使用权出让时采用土地招拍挂制度，能够引入市场化主体参与竞争。但是从城镇老旧小区原地拆除重建的实践情况看，一般均由地方国投或者国有企业作为实施主体推进实施，因为国有企业对于此类公益性民生项目起到责任担当，并非为了谋求利益最大化。在原土地上建小区，涉及投入成本、建设周期、专业实力、群众信任度等多维度衡量，居民主体由于无相关经验可循，拥有建筑工程等专业知识是小概率情况，如何明确遴选专业实施主体的标准，如何与实施主体之间建立严谨的契约关系，如何平稳实施方案是他们面临的重要问题。

就如工程项目常见的工程延期，按照工程契约通常会有"逾期违约金"的机制，但是自主更新项目工程迟延之因素众多，比如出现的业主诉讼导致停工、业主要求契约变更、为满足更多居民利益出现的设计方案变更等，均可能造成工程延期的情况，这种情况下如何和实施主体签订契约，都是双方需要考虑的风险因素。

2. 代理人实施全过程监管难

大部分居民在法律知识、专业能力和财力方面均不足以与委托方抗衡，同时还需要了解拆除重建的政策，具备一些跨领域知识的整合能力，与委托方在缔结契约关系时，往往处于弱势地位，导致对实施主体存在着不信任的情况。由于自主更新项目不能用一般建造工程来衡量，居民无法得知工程进行中各个阶段的相关事项、成本投入，且对于大部分契约条款都无从得知其中的用意。同时，居民难以明确实施主体是否按照合同行事，同时也难以对工程质量、成本控制和工程进度开展监管，比如，对于建筑材料的质量鉴别、施工工艺的规范要求等，非专业的居民可能难以准确判断和监管。同时，如果发现施工质量问题，居民如何要求施工单位承担责任并启动赔偿，政府如何介入监管，及早发现问题并纠正，都是需要考虑的问题。

3. 代理人实施内容不全面

目前居民委托的代理人也是项目实施主体，原则上需完成项目方案设计和项目建设工作。然而自主更新项目涉及的内容更多，包括政策解读和把握，自主更新项目的可行性分析报告，项目造价评估，补贴资金申请，所有产权人与政府部门、金融机构等沟通协调，后期运营等。

当前实施的自主更新项目中，政府部门和社区承担了大量繁重的居民协商、沟通工作，尤其针对困难居民安置问题，社区也需要协助安排等。一旦出现意见反馈渠道不通畅、政策解读不明确，大量的工作都由社区一力承担，在社区工作人员有限的情况下，该项工作占用了过多精力。

此外，实施主体如果仅负责项目建设，在前期未涉及小区后期运营方案，则会出现建设场景和运营不衔接、与居民需求不匹配等情况，导致自主更新项目建设完成后再次出现长效管理难的弊病。

四、自主更新项目的生成条件不明

1. 自主更新项目更新对象不明确

浙江省的自主更新项目对象为《浙江省人民政府办公厅关于全面推进城镇老旧小区改造工作的实施意见》（浙政办发〔2020〕62号）中明确的拆改结合型住宅小区，且未列入房屋征收计划。即：房屋结构存在较大安全隐患、使用功能不齐全、适修性较差的城镇老旧小区，主要包括以下三种：房屋质量总体较差，且部分依法被鉴定为C级、D级危险房屋的；以无独立厨房、卫生间等的非成套住宅（含筒子楼）为主的；存在地质灾害等其他安全隐患的城镇老旧小区。并且强调：实施拆改结合改造，可对部分或全部房屋依法进行拆除重建，并配套建设面向社区（片区）的养老、托育、停车等方面的公共服务设施，提升小区环境和品质。坚持去房地产化，原则上居民回迁率不低于60%。广东省提出的适用范围为未纳入土地储备计划、征收计划的国有土地上的危旧房。其中，鉴定为B级或一般损坏房实行"愿改则改"，砖木结构且鉴定为C、D级或严重损坏房、危险房实行"应改尽改"，消除房屋安全隐患，提升人居环境与品质。

可以看到，自主更新的实践缘起于危房解危。各地的房屋安全管理条例基本都规定，房屋所有权人是房屋安全责任人，除了公房以外，危房解危一般应由产权人自主更新。虽然法规规定如此，但是此前受到居民经济条件、统一意愿等多种因素影响，地方政府考虑到人民群众的生命财产，往往成为解危的责任主体。而自主更新仅仅是把解危主体责任摆正而已。

然而自主更新对象范围能否扩大，也引发居民关注。如有一些不存在危房的老旧小区，居住环境难以通过整治改善，居民对于拆除更新的意愿也较为强烈。如成都中央花园二期项目历经多年，未实现自主更新，其中一个原因是：现有政策只有D级危房可以自拆自建，对其他房产没有规定可以自拆自建，但这个小区的居民更新意愿十分强烈，这种情况是否允许，也是自主更新长期推进中需要考虑的问题。

2. 自主更新项目实施范围界定难

自主更新项目实施范围有大有小，从实际实施情况看，既有浙工新村这样成片拆除重建的情况，也有桃源小区、集群街2号楼这样个别楼栋拆除重建的情况。

然而项目规模的大小直接影响到项目的设计、施工和运营管理。一般而言，规模较大的项目通常涉及较多的土地和建筑物，前期不仅要对周围地块进行摸排，设计方案包括多种功能的组合、复杂的交通组织、大规模的绿化和景观设计等，均需要经过详细的规划和论证，确保项目的可行性和可操作性。此外，大型项目的施工周期通常较长，涉及更多的建设内容和工序，需要进行科学的施工组织和管理，确保项目的进度和质量，也需要更严格的准入条件。而小型项目如单栋建筑的改造，在满足基本的法律和技术要求下，相对来说准入条件会宽松一些。

同时，自主更新实施范围大小和居民同意率统一难度密切相关。例如，在一些大型居住区，居民人数可达数千人甚至万人，统一居民意见需要更长时间，可能存在着个别问题较多的楼栋100%同意更新，而其他楼栋同意率不满足要求的情况；而一些分散的独幢小区涉及居民户数较少，在统一居民意见时则相对容易，这也是目前国内实施居民出资拆除重建的案例以独栋楼居多的主要原因。

此外，自主更新项目实施范围界定不仅要考虑居民的居住环境和生活质量的改善，同时也要考虑对周围环境的影响。如在确定自主更新项目的更新单元时，若按照单元楼栋作为实施范围，虽更容易推动实施，但是在公共服务配套、长效管理方面提升较为有限，后期可能会出现无序更新、配套设施与居民需求不匹配等问题；若以小区作为实施范围，前期统一意见较难，更新后对片区的城市风貌会产生较大影响，需要对更新方案做好把关。因此，合理界定更新单元范围显得尤为重要。

3. 自主更新审批流程不明确

目前，城镇老旧小区自主更新项目一般土地权属、控规、居民户数未出现变化。因此各地政府对于项目审批流程进行了优化，例如广州针对集群街2号楼项目，用已有房产证等材料作为使用土地有效证明文件，免于办理规划条件及建筑工程设计方案批复，通过"全流程网办""并联审批"等方式，同步办理该项目人防工程报建、建设工程规划许可证、建筑工程施工许可证。

而浙江省按提出项目申请→制定更新方案→组织审查审批→开展施工建设→组织联合验收的程序和要求推进自主更新的组织实施，即由地方建设部门牵头组织发展改革、财政、自然资源、园林绿化、公安交通等有关部门和属地街道（乡镇）进行联合审查，各相关部门可根据联合审查意见直接办理相关许可审批手续，并衔接浙江省投资在线审批监管平台；取得联合审查意见和相关许可审批手续后，由项目建设代理人申请办理建筑工程施工许可证；施工建设完成后，城市政府可授权建设部门组织相关部门和属地街道（乡镇）开展联合验收，验收通过并完成竣工验收备案后，向不动产登记部门办理不动产登记。浙工新村项目便是参考老旧小区改造采取的联审联验模式，见图4-23。

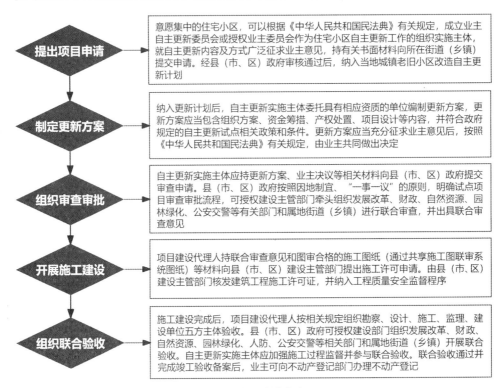

图4-23　联审联验模式流程图

根据《自然资源部办公厅关于进一步加强规划土地政策支持老旧小区改造更新工作的通知》，实施拆除重建的老旧小区在改造完成后，当事人应当凭借合法的规划、土地供应和建设手续，以及地价款补缴单据和权利划分协议等，及时办理不动产登记，有效保护权益。即拆除重建的自主更新模式，规划许可手续程序必不可少，这也是浙江省项目审批流程需要优化的地方。

此外，自主更新项目在后续推动中可能存在着土地权属变更、控规调整或者户数变化的情况，如我国台湾地区针对民间自主更新项目实施容积率奖励和权利变换机制，以容积率奖励机制来激励居民自主更新，容积率会有变化；而权利变换机制则存在着部分产权主体领取现金而不参与分配更新后房地的情况，这类主体不参与房地分配的原因有两个：一是主体自身不愿参与分配；二是居民所拥有的权利价值达不到最小分配单元，因此户数会出现变化[36]。

再者，为保障公共利益，国家层面也在鼓励既有城市土地混合使用和存量建筑空间功能转换，城镇老旧小区自主更新项目可能会涉及新增建设用地、改变土地用途和新增计容建筑面积等改变规划条件的改造情况，在这种情况下如何优化规划许可办理程序和分类管控规则也是当前面临的一个问题。

五、规划指标控制与更新需求不匹配

1. 受制于新建住宅标准规范

随着人民群众对居住城市宜居宜业要求的不断提升，人口密度和空间控制变得更加严格。城镇老旧小区自主更新项目多位于核心城区，在一个成熟的区域中拆除重建住宅，受到空间、成本、周期、技术等多重制约。

一是更严格的建筑规划和设计标准受到有限空间制约。新建住宅通常需要符合更严格的建筑间距、日照时间、通风要求等规划标准。一些城镇老旧小区原有的楼间距较窄，日照标准达不到要求，为保证居民套内面积不变，需要重新调整布局；同时建筑高度又受到区域规划管控，增加了规划设计的难度，因此，这些规划标准调整是否合理也需要论证。如浙工新村项目按照新的建设标准，旁边高架路绿带应退界30m。

二是配套设施建设受到成本和空间等因素制约。城镇老旧小区公共配套、基础设施建设不足，甚至存在着绿地率为0的情况，在增设公共活动空间、配套设施和提高绿地率的过程中，受到资金、空间等因素制约需要反复平衡。如原有城镇老旧小区一般缺乏地下停车库，而为改善停车问题，通过地下室开挖提高车位配比，但由于开挖地下室又会增加建设成本投入，因此自主更新项目可能难以达到新建住宅的车位配比数。

三是新技术和新设备应用受资金制约不被居民优先选择。拆除重建项目由于是居民出资，在设计方案选择时，居民倾向于选择更为经济的技术和设备，如建筑节能、绿色和智能化等新技术、新设备应用方面，以及建筑保温、门窗节能、智能门禁、安防监控方面，也只能在有限的预算中选择，导致自主更新项目在新技术等应用方面难以与一些新建商品房匹敌，与城市发展建设趋势相违背。

2. 住宅扩面上限指标未界定

城市更新中，容积率规划指标调整是一个被重点关注的问题。因为容积率不是免费的，本质是城市政府的"股份"。如果将政府视作一个企业，容积率就是政府创造出的所有者权益，卖地（卖容积率）就是出让政府所有者权益获取融资（股权融资），就像股票代表企业的所有者权益一样，城市政府的所有者权益与其提供的公共服务是严格对应的——政府提供的公共服务数量和水平，决定了它能以什么样的价格出让多少容积率[50]。

目前在国际上，容积率奖励和容积率转移[①]是较为常见且较为有效的激励机制，以推动居民或者开发商参与城市更新中。现有的城镇老旧小区自主更新项目存在的增加容积率的情况主要有以下几种：

一是由于部分老旧小区住宅属于如筒子楼等非成套住宅，或者厨房和卫生间面积过小，不符合现有住宅设计标准的情况；二是多层住宅改建后按照新建住宅标准设计，需要增加电梯、拓宽消防通道等使得公摊面积增大，为确保居民获得套内面积不减少，会导致容积率增加；三是通过适当扩面，提升较小套内面积空间功能，以激励居民自主更新意愿。

第一种情况和第二种情况，在自然资源部发布的文件《支持城市更新的规划与土地政策指引（2023版）》中有提及，并予以支持。2024年5月，《自然资源部办公厅关于进一步加强规划土地政策支持老旧小区改造更新工作的通知》（自然资办发〔2024〕25号）也再次重申：按照《支持城市更新的规划与土地政策指引（2023版）》要求，核定优化容积率、执行差异化的规划设计技术标准，应突出保障民生和激励公益贡献的政策导向。即上述两种情况是被允许的，且不受容积率规划指标的限制。

第三种情况虽然是出于改善居住环境的需要，但这种方式增加容积率来进行项目财务平衡，是一种隐性的财富转移，同时会存在为满足部分居民私有利益而导致公共利益受损的情况。然而如果缺少合理扩面，可能会导致自主更新这一模式寸步难行，及因原有不合理的复杂户型存在导致难以彻底提升住宅空间功能布局。但是对于住宅的扩面上限核定应该确定为多少，目前地方政府缺少相应的指引，同时部分小区中存在多种不一的户型，如果说小户型扩面是出于改善恶劣居住环境的需要，那么大户型则缺少同样的理由，但如果仅给一方增加扩面，在公平性方面可能会引起民众质疑。

---

① 容积率奖励：是指土地开发管理部门为取得与开发商的合作，在开发商提供一定的公共空间或公益性设施的前提下，奖励开发商一定的建筑面积。容积率奖励政策实质上可以看作是政府对开发商提供公共服务的一种补偿，有效调动了开发商进行公益建设的积极性，不仅促进了社会环境的改善和公益事业的建设，也提高了容积率在执行过程中的弹性和适应性。

　　容积率转移：即开发权转移，是指原土地权利人将受到规划控制而不能实现的开发权限，有偿转让给其他允许建设的地块。容积率转移一般包括转出区和转入区，转出区是指将容积率转出至其他可建设地区的区域，包括需要保护的历史街区、生态环境敏感区等；转入区是指容积率的接收地，即可以进行高强度开发建设的区域，如城市的重点发展地区等。容积率转移，一方面通过补偿受管制土地业主使其自愿放弃土地开发，消除了土地开发管制引起的不公平问题，提高了管制政策的可行性和实施效果；另一方面通过经济激励吸引开发商主动补偿受管制土地业主，开辟了补偿土地保护的广阔财源。

　　容积率奖励和转移从本质上都可以看作是开发权限的转移，容积率奖励可以看作是将公共空间、公共设施上的开发权限转移至其他地区，只是两者的应用对象、操作手段不同而已。

六、缺乏自主更新的相关政策支撑

由于城市更新涉及职能部门较多，全国层面大力支持各地区稳步推进城市更新行动，并在不断推动居民参与，但针对城镇老旧小区自主更新模式，目前缺乏相关的法规政策支持。

1. 更新意愿比例界定

在统一更新意愿上，无论是政策发布还是基层执行都需要确保合法合规。如《中华人民共和国民法典》规定居民参与改造只需要两个"三分之二"参与表决和两个"四分之三"同意，居民决策可以生效，但在实际操作中，为了避免后续纠纷，一般自主更新项目需要100%的业主同意并签订书面协议才会执行，而较高的更新意愿比例界定，意味着较高的协调成本，也带来较大的实施阻力，容易导致项目流产，这也是我国台湾地区自主更新中遭遇的困境。

2. 居民作为立项主体

若自主更新项目参照现有的基本建设程序执行，根据目前的规定，凡具备一定规模的固定资产投资项目（行为），都要到发展改革部门申报立项。在大多数情况下，建设工程项目在发展改革部门立项的主体通常是企业、事业单位、社会团体等法人组织，在立项时需要提供国土部门出具的规划条件和规划选址意见书。然而全体居民作为多权利主体，不具备法人资格，其作为立项主体的法律地位也难以保障。

3. 既有土地性质遗留问题

当前，城市更新项目实施过程中受到土地政策制约，自然资源部于2023年11月发布了《支持城市更新的规划与土地政策指引（2023版）》（简称《指引》）。《指引》明确：按照依法依规、尊重历史、公平公正、包容审慎的原则，根据其成因并兼顾土地管理政策的延续性，在保障无过错方利益的前提下，妥善处置历史遗留问题[51]。目前，我国城镇老旧小区的土地性质有以下遗留问题：

一是土地用途变更困难。如桃源小区项目中，两幢拆除重建的住宅，虽然实际用途均为住宅，但土地性质上一个为仓储用地，一个为教育用地，属历史遗留问题，在老旧小区中较为常见。本次自主更新中受到用地性质限制，每户居民依然无法获得不动产证。然而两幢楼作为住宅用地是既成事实，且居民已经居住数十年，同时小区其他楼栋均为住宅用地，在这种情况下，住宅小区内的非住宅土地如何通过土地性质调整转变为住宅用地需要研究确定，比如居民可能需补缴土地出让金，这种情况则需居民统一，若需补缴，补缴方式如何等，当前均缺乏法律依据。此外，老旧小区中还存在土地混合用途（如部分商业、部分住宅等）在改造时如何重新界定和规范，缺乏清晰明确的法律规定。

二是土地权属纠纷解决机制缺乏。城镇老旧小区往往存在土地使用权在多个单位或个人之间划分不明的情况，随着时间推移，单位改制、合并或解散，可能会产生复杂的土地产权纠纷，尤其是涉及多个利益主体且历史久远的问题时，目前缺乏高效、便捷的法律解决途径和机制。例如，部分老旧小区的土地可能曾由多个单位共同开发或使用，对于部分配套设施，如车库、岗亭、活动配套用房等的使用权属难以明确界定。如浙工新村自主更新项目，得益于产权单位浙江工业大学的支持，将活动用房产权主动转让给居民。

三是一些城镇老旧小区集体土地和国有土地交织。这也是一种历史遗留问题，由于城市快速发展，产生了集体土地和国有土地相互交织的现象，在征迁环境下两者安置模式完全不一致，业主对于各自土地性质就会有完全不同的利益预期，同时两者的管理和使用规则不一致，若要对整个区域实施拆除重建，则增加了改造难度和复杂性。

4. 周边零星用地兼并问题

2024年5月，《自然资源部办公厅关于进一步加强规划土地政策支持老旧小区改造更新工作的通知》（自然资办发〔2024〕25号）（简称《通知》）要求各地自然资源部门要立足职责，加强规划土地政策支持，配合做好老旧小区改造工作。《通知》提到：在符合规划、确保安全、保障公共利益、维护合法权益的前提下，鼓励既有城市土地混合使用和存量建筑空间功能转换，由地方自然资源部门制定相应的正负面清单管理办法，积极盘活闲置国有资产用于社区公共服务。城镇老旧小区及周边边角地、夹心地、插花地等零星用地，应优先用于增加公共空间、公共服务设施和基础设施（包括设置电动自行车充电设施和停放场所），此类增强公共安全、公共利益的空间利用如涉及规划调整，应简化程序办理。零星用地经属地自然资源主管部门组织论证不具备单独供地条件的，经有批准权的人民政府批准后，可按划拨或者协议有偿使用土地的有关规定，依法依规确定土地使用权人（商品住宅用地除外），核发国有建设用地划拨书或签订国有建设用地有偿使用合同。涉及新增建设用地的，应按规定先行办理农用地转用和土地征收手续[52]。

在浙工新村自主更新项目实施过程中，周边有两块零星用地，但当时受到土地政策限制而难以纳入统一更新。且《通知》对零星用地兼并持支持态度，但在具体执行层面却面临着以下问题：零星用地兼并中若按划拨，则划拨对象是谁？若给到小区居民，是否会导致公共利益受损，且遭到周围居民反对？若按照协议有偿使用土地，一旦按照商品住宅有偿使用，可能会影响居民承担能力，那么土地价值评估的标准、有偿使用的标准如何界定？

七、分析与小结

能够看到，我国自主更新的探索实践主要在一二线城市展开。最直接的原因是这些城市城镇居民可支配收入平均水平相对较高，对提升居住环境有迫切需要，更重要的是这些城市的房价较高，而城镇老旧小区的公共环境、老旧建筑、管理状况抑制了住宅的价值。在可支配收入较高的情况下，这些城市的居民有较强能力、有较高意愿去自我筹资，实现自有住宅的更新。然而我国城镇老旧小区遍布中大小城镇，在当前房地产市场下行态势下，自主更新经验在全国推行面临着不小的挑战：

一是一些城镇的居民人均收入水平较低，难以承担较大的自主更新投入，一些城镇的自主更新投入与更新后房价升值获益差距不大，居民也难有动力去自主更新；二是普遍意义上我国居民主体意识需要彻底扭转，在城镇老旧小区改造过程中，居民逐渐开始具备公众参与意识，但真正的主体出资意识依然有待培育；三是我国现有的住房规划建设体制机制、法律规范是在增量市场提出的，并不完全适用于存量更新时代，全国大部分城市也缺乏相应的地方规范和体制机制建设；四是在政策推行初期会受到居民较多关注，但居民对于政策和信息处于一知半解状态，在自媒体信息发酵下易被误导，反而会扰乱房地产市场和正常的城镇老旧小区综合整治行动，因此需要地方政府加强引导。

第五章

城镇老旧小区
自主更新路径和创新策略

本章将结合国内外既有住宅更新经验分析及自主更新试点项目探索实践，针对性地提出创新自主更新模式的实施策略，通过明确自主更新项目生成、审批和实施机制，提供政策支持和制度保障，使城镇老旧小区自主更新的效率和社会效益实现最大化。

第一节　明确政府引导居民主体的实施机制

一、形成党建引领、部门协同的干事氛围

坚持党的领导，是当代"中国之治"的核心要素。推动城镇老旧小区自主更新，要以党建为引领，把党的组织优势转化为治理效能，强化顶层设计与政策支持，统筹安排更新工作，确保自主更新工作的全面性和协调性。

1. 组建城市更新统筹管理部门

当城市用地总量锁定，进入全面存量用地时代，城市更新进入构建系统性更新框架，开展全面更新的阶段。住房和城乡建设部近日发布的数据显示，截至目前，全国已实施城市更新项目超6.6万个，累计完成投资2.6万亿元。其中围绕既有建筑改造利用，已改造78亿m²[53]。目前我国大部分城市均将进入全面更新阶段，但我国尚未有统筹管理城市更新的常设部门，理顺各部门的程序、规范、标准，形成合力亦存在难题。针对这一痛点，一些城市已经开始作出政府机构改革，如武汉市新组建了市住房和城市更新局作为市政府工作部门，其职责为：做好房屋建设管理和住房保障、房地产市场、市政基础设施建设等方面的管理工作，统筹协调城市更新实施工作。新组建的部门更强调"城市更新"工作，并划入了市住房保障和房屋管理局、市城乡建设局城市道路、桥梁隧道、轨道交通等市政基础设施建设管理职责。此外，深圳、济南近年来也设立了专门的城市更新机构。

建议各市成立城市更新局，负责统筹全市城市更新规划、实施项目计划、项目报批、组织实施、资金整合和分配、政策制定、历史风貌保护、督查考核等工作，起到引导、控制、协同、统筹城市更新工作的作用。而城市自主更新项目在专设机构管理下，能够基于"总体规划—专项规划—片区控规—行动计划"的工作思路开展工作。

2. 完善多级联动的工作体系

地方应从市、区、街道和社区形成上下联动的工作机制，强化组织调度和综合保障，打通各层级壁垒，执行有力的组织体系。地方政府以党建引领统筹资源、积聚力量，积极发挥党委的领导核心带头作用，凝聚党员干部、居民代表、

专业人员、社会组织代表、物业等多方力量形成合力，充分协调老旧小区自主更新中面临的问题；由基层社区组织构建居民议事协商平台，引导建立居民自愿更新组织，协同开展一系列居民意见征求活动；社区、街镇也可以组织工作坊、讨论会和专题班，围绕自主更新中居民担心的具体问题进行深入讨论，同时可邀请相关领域的专家、学者、政府官员形成老旧小区自主更新辅导团，对自主更新机制、常见问题和注意事项等常见议题，采用图解、短视频、直播、巡回讲座等多种形式对政策进行通俗化解读，提出切实可行的解决方案，在每个不同阶段为居民提供义务的政策辅导和宣讲工作。如我国台湾地区的不同城市都会在政府部门、相关协会的指导下，邀请行业人士进行自主更新系列讲座。

3. 厘清更新项目全周期的部门权责

鉴于当前针对城市更新相应的体制机制不足的问题，地方应从城市体检、规划编制、计划编制、项目生成、项目建设、后期运营等项目全生命周期入手，依照项目流程推进面临的问题和难点，由党组织牵头，系统谋划，搭建由规资、住建、发展改革、房管等相关部门参与的协同工作体系。

一是应共同研究并解决改造对象、政策需求、操作路径，重点聚焦土地、规划、税务、金融等方面的短板，及时建立或者完善配套政策；形成一套各职能部门分工明确、紧密配合、深度参与规划审查与审批的协同机制，为有序推进自主更新工作提供基本遵循依据。

二是各部门应研究并提供一站式服务，充分研究现有政策，促进一些兼容性政策的落地。如针对城镇老旧小区自主更新项目，提供现有老旧小区改造和电梯加装补贴政策，协调市政基础设施、公共设施建设增容等事项办理；研究自主更新和后期运营税收减免机制和困难群众保障机制，提供兜底性关怀；响应国家低碳绿色要求，研究自主更新项目中绿色建筑、海绵城市建设等的奖励政策。

三是各部门应强化协同监管，共同制定监管标准，针对自主更新项目立项阶段共同参与联合审查和可行性研究，在竣工阶段实现联合验收。同时，针对项目可能出现的周边居民投诉阻挠、居民诉讼导致项目停工和负面舆情等突发事件，提供应急预案处置流程。

二、成立居民主体发起动议的自主更新组织

所有自主更新应以居民更新意愿作为启动的条件之一，城镇老旧小区作为多元产权住宅，涉及居民数量众多，需要内部协调达成更新意愿的统一，如前文提及的浙工新村成立居民自主更新组织，武汉青山区21街坊危旧房改造通过成立改

造联合社等非营利社会团体。对此，建议应由居民选举居民代表成立自主更新组织或者由居民委托业委会，发起小区自主更新的动议。针对不同条件的老旧小区成立自主更新组织，从程序方面应予以规范。

1. 无业委会的小区成立自主更新组织

流程如下：居民成立自主更新委员会筹备小组→组织自主更新委员会选举→成立自主更新委员会→统一居民意见→公示→审批核准，见图5-1。

注：业主5人以上申请成立筹备小组；整个小区的自主更新委员会应由各楼栋选举并派出楼栋代表组成，而单幢楼栋的自主更新项目则由选举的代表组成。

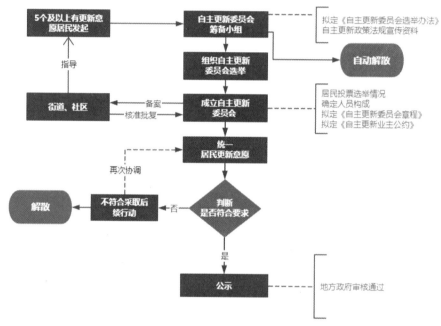

图5-1　自主更新委员会组建流程

（1）提出申请

符合自主更新对象相关规定的城镇老旧小区，由多个居民牵头人联名向该小区所在的街道办事处（镇人民政府）提出书面申请，申请时应提供具有相关资质的鉴定机构出具的危房鉴定报告或房屋重大安全隐患鉴定报告，填报《自主更新委员会筹备小组成立申请表》。在这个过程中，有更新意愿且具有组织领导力的居民志愿者在其中能够更好地发挥作用，社区则在其中起到政策宣导作用。

（2）成立筹备小组

街道办事处（镇人民政府）收到申请后，作出书面批复意见，指导小区成立自主更新委员会筹备小组（以下简称"筹备小组"）。

① 筹备小组经批复成立后，应在规定时间内收集全体业主名单、联系地址

和联系电话等材料报街道办事处。

② 筹备小组在街镇和社区指导下，拟定《自主更新委员会选举办法》《自主更新业主委托授权书》，并在小区内明显位置张贴公布，征求业主意见，同时应将自主更新政策法规宣传资料在宣传栏内公布并发放给每户业主。

③ 筹备小组组织各楼栋业主通过自荐或推荐方式产生自主更新委员会候选人。

④ 筹备小组将自主更新委员会候选人简历表、选票格式样本、自主更新委员会成立大会议程向业主张贴公布，同时将修订好的《自主更新委员会选举办法》书面送达全体业主。

（3）组建自主更新委员会

完成以上工作后，筹备小组将业主候选人名单及简历表、《自主更新委员会选举办法》送达街道办事处（镇人民政府），并提出召开自主更新委员会成立大会的书面申请，同时做好会务筹备工作，包括落实场地，印制选票，布置设备、投票箱，通知所有投票权人，知会社区、街道办事处（镇人民政府）、派出所、物业公司等有关人员。

筹备小组根据议程召开大会，并收集、登记选票，公开唱票、点票，宣读选举结果，产生自主更新委员会成员，会后筹备小组将大会签到表、选举结果统计表予以公布。

（4）申请登记自主更新委员会

自主更新委员会应在规定时间内将制定的《自主更新委员会章程》《自主更新业主公约》，在小区内明显位置张贴公布，征求业主意见，并最终确定。随后自主更新委员会持表5-1所列文件向所在区或县级市行政主管部门申请办理备案登记手续。

自主更新委员会备案登记所需材料 表5-1

序号	材料	具体内容
1	自主更新委员会登记申请表	组织名称和日常办公地点，实施自主更新的范围和区域，委员会成员资格、任期、职责和选任方式等，有关会务运作流程、费用分担、公告和通知发布方式，其他必要事项等
2	街道办事处核准证明	—
3	自主更新委员会选票	—
4	自主更新代表选票	—
5	自主更新业主授权委托书	—
6	自主更新业主大会业主签到表	—

续表

序号	材料	具体内容
7	《自主更新委员会章程》	附录2
8	《自主更新业主公约》	—
9	其他要求的相关资料	—

（5）核准批复

区或县级地方行政部门经审核，给予自主更新委员会书面批复意见。自主更新委员会凭批文到公安部门办理刻制公章手续，并将公章式样报区或县级地方行政部门及街道办事处备案。

2. 有业委会的小区接受委托代理

流程：经公示授权业主委员会（简称"业委会"）代理自主更新→统一居民意见→递交书面材料申请→公示→审批核准，见图5-2。

注：由业委会代理自主更新委员会，应经公示获得居民授权后实施；若未达到相关要求，则按照组建自主更新委员会的流程实施。

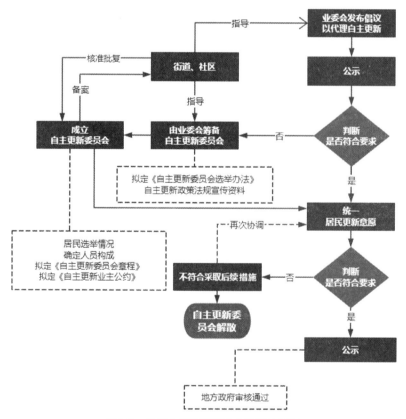

图5-2 业委会代理实施自主更新的流程

（1）业委会筹备自主更新

业委会拟好《自主更新业主公约》《自主更新委员会章程》，在小区内明显位置张贴公布，征求业主意见，并将自主更新委员会政策法规宣传资料在宣传栏内公布并发放给每户业主。

（2）投票表决授权事宜

完成以上工作后，将《自主更新委员会章程》《自主更新业主公约》送达街道办事处，提出召开授权业委会作为自主更新主体投票，并知会街道办事处、社区、派出所及物业公司等有关人员。

（3）授权业委会代理自主更新

经参与表决专有部分面积3/4以上的业主且参与表决人数3/4以上的业主同意，可授权业委会作为自主更新主体。

（4）补充程序

若上述表决未通过，则按照成立自主更新委员会流程执行。

3. 自主更新委员会应尽的义务

对自主更新组织而言，很多赋予的权利亦是义务，具体包括表5-2所列内容。

自主更新委员会应尽义务及具体事项   表5-2

应尽义务	具体事项
协助统一更新意愿	通过问卷、上门等多种形式摸排居民更新意愿，见附录3，了解部分居民的困难和情况，依法依规协调和处理居民异议
召开自主更新业主大会	安排会务工作，执行大会决议通过的事项
自主更新规划设计方案研究拟定和执行	摸排居民意见，委托第三方专业顾问，包括法律、房产评估、初步研究拟定的自主更新规划设计方案，通过后协助执行
管理、编制和审核自主更新委员会的必要经费	自主更新委员会在执行阶段会产生一定的经费，这部分经费开支需要由委员会成员管理、记录，并按照月度公开，便于居民查看
监管项目实施主体	制定自主更新项目实施主体选用标准，推选符合要求的项目建设主体，经全体业主决议后聘用，对工程质量、资金、周期进行监管
执行全体产权人决议通过的其他事项	—

4. 自主更新委员会赋予的权利

自主更新组织应被法律及政策赋予一定的权利，使其能够合法合规行使相应权力推动所在小区实施自主更新。

（1）召集自主更新业主大会

召开会议时需要对一些公共事务进行宣传和沟通，如需要针对居民说明小区危房状况，解读自主更新的政策，同时针对自主更新专项事宜进行协商，包括摸排居民更新意愿、统一居民同意率、资金筹集和分担方案、过渡安置方案、建设代理方选取、项目设计方案比对、施工监督、后续物业管理调整、改造后房屋维护和小区运营事宜等。

（2）监督项目管理企业履行合同的权利

① 自主更新委员会应行使对项目的监督权利；

② 与项目实施企业建立定期沟通机制，与施工方、监理方等定期召开会议，了解项目进展、存在的问题及解决方案，要求实施企业定期提交项目进度报告、质量报告等；

③ 查看施工质量、工程进度、安全措施等是否符合要求，收集居民对项目实施的投诉建议、反馈意见，及时与施工企业沟通并要求解决；

④ 对照合同中的资金支付条款，核实企业的请款申请是否合理，确保资金使用与工程进度相符；

⑤ 按照合同约定的阶段性节点，对项目成果进行评估和验收，如基础工程完工、主体结构封顶等关键节点，组织专业人员或委托第三方进行检查。

（3）监督管理规约实施的权利

① 基于管理规约的既定目标，对项目实施、居民违约进行明确，要监督居民，防止出现干扰项目施工进展、违反委托协议等行为；

② 针对居民之间、居民和自主更新委员会之间的争议，积极协调，如出现诉讼情况应合法合规应对；

③ 业主赋予的其他权利。

三、组建居民主导集体出资的股份公司

在居民意见达成一致后，建议由自主更新委员会成员发起，设立由全体居民作为股东的股份公司。即由重建的小区内所有产权人，将原有房产和改造后需投入费用这两部分作为出资，按照出资比例，依法认购新成立公司股份，明确其权利和义务。所有居民姓名、认购股份数等信息均记入公司股东名册。同时，应当由自主更新委员会聘用专业房产估价机构对作为出资的房产评估作价，根据面积、楼层、朝向等因素而定，确保财产核实的公平公正性。

由居民成立股份公司能够解决以下几个问题：

1. 解决项目立项程序问题

由全体业主组建的公司可作为单一的立项主体，可以向发展改革部门进行立

项申请，其法律地位也得以保障。自主更新项目具有一定的特殊性，其属于在原地翻建，全体居民组建的股份公司在立项时应准备下述立项材料，见表5-3。

老旧小区自主更新项目立项材料 表5-3

序号	材料类型	具体要求
1	危房鉴定报告	由具备资质的专业机构出具，明确房屋的危险等级和需要拆除重建的依据
2	土地权属证明	如土地使用证、不动产权证等，以证明原土地的合法性和归属
3	房屋所有权证明	证明房屋的所有权归属于全体居民
4	自主更新项目规划设计方案	项目概况、现状分析、在符合本市规划要求情况下的总体规划布局、建筑设计、公共服务设施规划、绿化景观设计、市政工程规划、防灾减灾规划、投资估算和效益分析等，同时需提供项目改造前后的建筑设计等对居住环境优化的对比证明
5	环境影响评估报告	评估项目建设对周边环境的影响及采取的相应措施
6	节能评估报告（如有需要）	分析项目的能源消耗情况及节能措施
7	社会稳定风险评估报告	分析项目可能引发的社会稳定风险及应对措施
8	资金来源证明	业主自筹资金的证明文件、银行贷款意向书等
9	公司所有股东身份证明	包括所有居民的身份证、户口簿等
10	业主授权自主更新委员会委托书	见附录1
11	其他需要提供的材料等	——

2. 明确多产权人权利和义务

同时，自主更新项目涉及人数众多，如全体居民作为立项主体在实际操作中增加了沟通成本，应提前明确权利和义务，以减少后面的纠纷。一是明确了全体居民所需承担的义务，包括居民以房产和货币出资，担负整个改造过程中所产生的费用；二是明确了全体居民所赋予的权利，即在更新完成后能根据入股资金，分配到应有的房屋产权。

3. 解决不动产登记问题

参照商品房不动产登记流程，在自主更新项目竣工验收备案后，由居民成立的股份公司准备材料向不动产登记中心申请初始登记，即办理不动产大证；再协助居民办理转移登记，办理不动产小证。

4. 委托专业机构建设运营

由于项目建设、施工、监理的专业性，需要委托第三方代理实施，而居民股份公司作为项目立项主体，能够与代理企业签订合同，见图5-3。

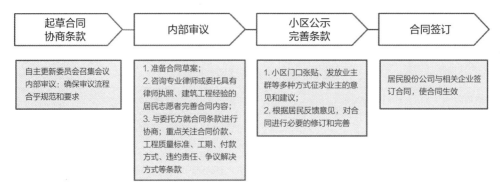

图5-3　居民股份公司与委托方签订合同流程

此外，居民股份公司可以提前委托运营主体介入，继而在规划设计阶段建设经营性配套用房、居民所需的民生综合体。

居民股份公司在与委托方签订合同时，应确保合法性、公正性，保障全体业主的权益；要清晰界定业主、居民股份公司和相关企业各方的权利、义务和责任；在合同中明确对施工、监理、运营企业的监督机制和考核标准，确保项目质量和进度；应通过咨询建设工程项目、社区运营等专业人士，对工程质量标准、运营标准进行详细约定，明确各工序的验收标准和不合格处理方式；由于自主更新涉及居民人数多，易出现后续变动，要约定合同变更的条件和程序。

四、明确居民与代理实施者的委托关系

由于老旧小区自主更新项目涉及规划设计、工程建设和管理，具有较高的资质门槛，因此居民需要将其委托给专业代理机构代为实施。代理实施者，即代为实施者或是项目管理型实施者，产权人仍为实质权利主体。一般而言，代理实施者组建专业团队负责全案管理，同时一些代理实施者还负责协助项目筹资到位前的相关作业经费资金筹措或代垫。

1. 代理实施主体的职能和管理模式

居民股份公司作为立项主体，在居民授权下可以委托品牌项目建设代理人推动项目建设，代理人有多种选择，例如：城投类国企、市场化的"全过程开发建设管理+运营"的专业项目建设代理人等。具备一定模式的市场化项目应选择品牌项目建设代理人作为实施主体，居民与建设实施主体是授权与被授权的关系，全体居民股份公司作为授权人，实施主体即项目公司为被授权人。从职能而言，代理实施者需协助产权人自地自建，从申请自主更新项目审核，申请规划许可和建筑工程许可，办理银行贷款，总包工程施工及监造直至完工验收交房。原则上

代理实施公司仅收取项目代理服务费，见图5-4。

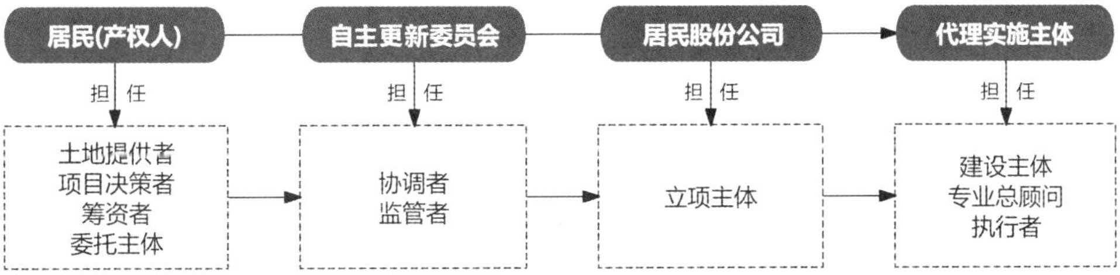

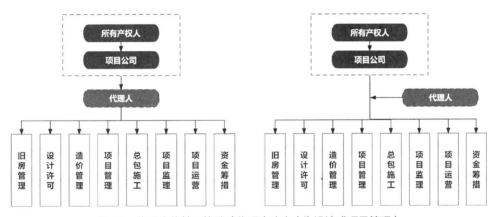

图5-4　居民、自主更新委员会、居民股份公司和代理实施主体的职能

项目公司与代理人的管理主要有2种，分别是项目公司授权代理人代管和代理人协助项目公司管理，见图5-5。当项目规模过小不适合采取项目建设代理人模式时，可以采取自建模式。

图5-5　代理人代管、协助（代理牵头人应为设计或项目管理）

目前，国内无论是北京、上海还是广州，老旧小区原拆原建模式的代理实施主体多为地方国有平台或国企，具有较强的信用背书。例如，前文第3章提及的北京西城区桦皮厂胡同8号楼项目，由北京德源兴业投资管理集团作为实施主体，浙工新村项目由拱墅区城市发展集团作为实施主体，扮演了重要的更新中介的角色。不论是德源集团还是拱城发集团，它们的企业性质偏向于非市场化、非盈利的公益性质。

政府也可以鼓励市场主体参与成为更新中介的角色，尤其是原来房地产时代的"开发商"可以在存量规划时代转型成为更新中介，针对自主更新提供不同的改造方案作为产品供居民和政府自行选择，寻找新的商业模式，进一步打开新的社区产业（教育、医疗、养老、装配式住宅等）发展机遇，力促传统开发商转型升级城市生活服务商。

同时政府可以针对自主更新搭建快速审批通道，建立并完善从申请到审批等部门和手续。居民如果同意更新改造，只需签订格式统一化的旧改协议，后续由实施主体介入并全权负责完成改造程序，包括所有的报批、设计、建设、监理、验收、办产权证直至交房整个流程。让自主更新变得十分简单且快捷，真正实现像造汽车一样去造房子。

明确多方角色，促成三方握手，搭建统一的自主更新项目建设、运营平台，通过自主更新申报系统、信息决策系统、参与式设计、装配式住宅等路径，形成稳定的自主更新"金字塔"，见图5-6。

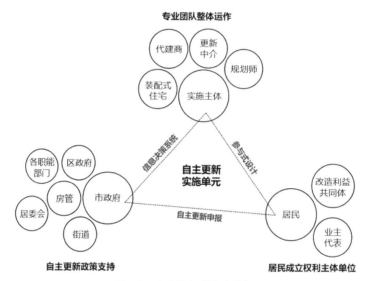

图5-6　自主更新"金字塔"

2．居民应配合代理人的事项

（1）积极参加相关说明会、座谈会及协调会，内部协调形成统一意见。

（2）由居民股份公司与代理实施者签订"委托代理实施服务协议书"，确认全体产权人和代理实施者的相关权利义务以及代理实施者的服务内容。

（3）居民应配合出具申请老旧小区自主更新的相关同意书和材料。

（4）产权人应配合推动自主更新的进度，自行筹备前期资金，支付相关费用，若由代理实施者垫资实施，产权人应承担该项目所产生的财务成本。

（5）需通过银行贷款以筹集支付重建成本的居民应在资金缴纳前办妥抵押贷款。

（6）拆除重建全程均以公开、公平、透明的方式进行，全体产权人均同意自主更新规划设计方案和出资分配比例。

3．代理人应配合居民的事项

（1）担任项目建造者，并负责日后维保期的维护维修工作。

（2）担任项目执行者，依照项目小区执行重建实际需要，协助自主更新委员会组建专业团队（原则应包括自主更新城乡规划顾问，建筑、结构、景观设计师，房地产评估师，测绘、绿色建筑和智慧建筑顾问等），执行自主更新业主大会的决议内容，提供专业服务。

（3）担任项目总顾问，负责统筹、协调各专业单位意见，在符合规划要求的情况下，依照相关居住区规划设计标准，根据居民需求制定重建计划和建筑设计方案等工作。

（4）代理实施者服务工作从前期协助居民整合意见、提交自主更新项目申报审核程序、申请办理规划许可和工程许可、办理银行贷款工程发包至完工验收交房，引进物业管理等，结算总成本，最后完成自主更新项目。不同阶段需承担的事项见表5-4。

代理实施主体不同阶段需承担的事项   表5-4

阶段	事项
前期整合和协调意见	提供自主更新适用政策法规、规划设计方案评估及资金投入规划
	协助整合居民意见及选房分配原则
	协调居民对建筑规划设计意见和建议
	与自主更新委员会、专业单位、政府单位沟通协调
	参与自主更新工作相关会议
协助办理银行贷款、专用账户管控和财务核查	项目融资架构规划方案
	居民贷款额度试算
	贷款划拨方式及时间
	协助原房屋有贷款抵押的居民转贷
	专户资金流向控管
	工程拨款控管
项目工程管理	建筑设计师规划初步评估
	建筑设计方案拟定、讨论和定案
	拟定施工文件及预算
	发包文件整合及选定施工团队
	签订工程项目委托合同
	施工阶段质量、成本、进度管理
	完工验收交房

续表

阶段	事项
后期管理	拟定房屋预告登记
	维保期内的维修维护工作
	协助物业管理公司入场、交接

除上述配合事项外，代理实施主体根据居民实际需求，还可能承担以下事项：代垫自主更新前期启动资金或通过银行融资代垫；项目融资不足更新成本时的差额资金代垫，后期通过停车位、配套用房使用权转移获得相应收益。

第二节　建立居民自主更新的项目生成机制

如今存量更新的时代背景下，探索适应存量发展的规划技术与规划体系，成为保障城市更新常态化工作、落实多维发展目标的重要一环。为推进规划意图的逐级传导，保障规划实施，应在国土空间规划体系下，构建从总体规划到详细规划的多层级适应更新的规划体系，创新性构建城市更新单元规划运作平台，体现规划引领与规划实施并重、上下结合与面向实施兼顾的特点。

一、衔接城市体检，编制区域规划

根据住房和城乡建设部2022年7月4日发布的《关于开展2022年城市体检工作的通知》，城市体检是通过综合评价城市发展建设状况、有针对性制定对策措施，优化城市发展目标、补齐城市建设短板、解决"城市病"问题的一项基础性工作，是实施城市更新行动、统筹城市规划建设管理、推动城市人居环境高质量发展的重要抓手。城市体检工作始终坚持以人民为中心，统筹发展和安全，统筹城市建设发展的经济需要、生活需要、生态需要和安全需要，坚持问题导向、目标导向和结果导向，聚焦城市更新主要目标和重点任务。通过开展城市体检工作，能够建立与实施城市更新行动相适应的城市规划建设管理体制机制和政策体系，进一步促进城市高质量发展。

一般来说，城市体检以"一年一体检、五年一评估"为原则，采取城市自体检、第三方体检和社会满意度调查相结合的方式开展，包含数据采集、分析评价、形成体检报告和平台建设四个工作步骤。在城市体检中，各级各部门要做好组织实施工作，推动形成多部门多层级联动的体检工作机制，加快技术队伍建设，引导和动员居民广泛参与，形成工作合力，见图5-7。

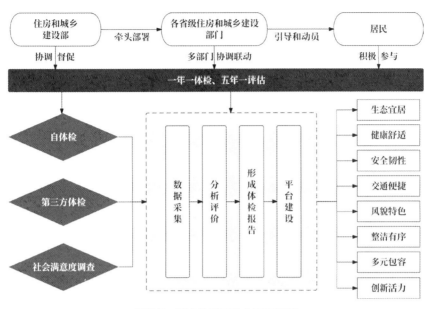

图5-7 城市体检工作内容与流程

国土空间规划需要针对城市更新的特点，通过自上而下和自下而上相结合的方式，充分开展调查评估，明确城市更新的规划导向，因地制宜地结合城市更新的可实施性，提高规划编制的适应性和对市场的响应性。在国土空间规划中应认真做好城市更新的调查与评估工作。从而建立"城市体检—区域更新规划—城市更新单元—自主更新申请"闭环工作机制。

（1）做实前期基础调查

综合利用国土调查、城市国土空间监测、地籍调查、国土空间规划、城市体检评估、人口调查、不动产登记等成果，梳理更新对象的现状土地开发强度、土地使用年限、土地和建筑物产权关系及其权属边界、土地用途和建筑物使用功能、建筑质量、人口规模、人口结构等情况以及历史遗留问题等信息，调查居民更新诉求和更新意愿，研究区域功能定位，并将各类数据按汇交要求纳入国土空间基础信息平台，做实城市更新的规划调查基础。

开展市政和交通基础设施、公共服务设施和资源环境等承载力评估，加强城市安全、历史文化和生态与自然景观保护、社会稳定等方面的风险影响评估。根据城市更新的需要可同时开展其他方面的专项评估。

（2）制定区域更新规划

将经调查分析后认为生活和生产环境不良、存在安全隐患、市政基础设施和公共服务设施不完善、对环境造成负面影响、城市活力不足、土地利用低效、土地用途和建筑物使用功能不符合城市功能布局和发展要求的片区、建筑物、设施和公共空间等优先确定为更新对象。同时视行政管理边界、更新迫切程度等因素，确定更新区域的划定范围。

建议地方规资部门根据各级国土空间规划及国民经济和社会发展规划的要求，并结合各专业主管部门的意见和城市体检评估建议、区域内居民和企业等权利人的更新建议等开展，并制定区域更新规划，该规划方案应包括目标和定位、功能区域布局、土地利用规划、基础设施规划、公共服务设施规划、历史风貌保护规划、实施计划等内容，制定区域更新规划，将其提交给相关部门获得最终审批后，向社会发布，以激发居民、市场主体参与。

在制定区域更新规划时要坚持综合提升、区域统筹、共建共享、动态管控，同时规划部门与住建部门应加强合作，放宽若干规划限制，加强规划弹性，为推进城镇老旧小区危旧房自主更新提供动力。

（3）划定城市更新单元

目前，我国部分城市开始尝试划定城市更新单元，见表5-5。其他地方在区域更新规划编制的基础之上，也可结合本地实际划定城市更新单元和规模，一般应依据该区域原有社会、经济关系及地方人文的联结性；具有整体发展的社会和经济效益的价值性；公共配套设施分布的公平性；土地整合的可行性；环境更新的必要性；符合其他更新处理方式的一致性等因素划定。

部分城市的城市更新单元划定条件和规模　　　　　　　　表5-5

城市	划定条件	规模大小
台北	包括5种情形的更新单元划定情况： ① 为完整之计划街廓者； ② 街廓内面积在2000m²以上者； ③ 街廓内邻接2条以上之计划道路，面积大于该街廓1/4，且在1000m²以上者； ④ 街廓内相邻土地业已建造完成，无法合并更新，且无碍建筑设计及市容观瞻，并一次更新完成，其面积在1000m²以上者； ⑤ 面积在500m²以上，经说明理由，提经审议会审议通过者	基地面积小于3000m²的单元占比74.57%；面积在3000~5000m²的项目占总数的17.91%；超过5000m²的项目占比约8.02%
深圳	更新单元划定考虑的要素包括：尊重所在区域自然、社会、经济关系的延续性，符合上位规划，面积要求，产权要求，公共利益用地要求，建筑年限要划定先后次序、不划入拆除范围区域、特殊用地要求等	城市更新单元内拆除范围用地面积应当大于10000m²；可供无偿移交给政府的公共设施或者城市公共利益项目等的独立用地应当大于3000m²且不小于拆除范围用地面积的15%
广州	更新单元内更新资源以及周边可整合改造用地面积应占现状建设用地面积的50%以上。满足一定条件，比例可适当下调	以黄埔区为例，平均规模130hm²

续表

城市	划定条件	规模大小
上海	以政府为主体自上而下划定，强调对公共利益的管控，在对控规的区域评估阶段划定更新单元	一般以一个街坊或小区为基础划定
重庆	老旧居住区以更新区域所在的街道或社区范围为更新片区范围	平均规模35hm²

（4）实施自主更新项目

各地方结合区域更新规划不同阶段性目标，针对区域内居民需求紧迫性、危旧房等级，优先推动城市更新单元内的危旧房自主更新项目实施，并联合城市更新单元内基础设施改造、老旧小区改造、TOD规划等项目，在坚持一次谋划、分步实施的原则下，有时序、有步骤地推进更新。相关部门在对居民申请自主更新项目审核时，也应该认真研究区域更新规划目标，确保该自主更新规划设计方案的科学性、合理性、合规性。

二、统一更新意愿，协调多方利益

业主对建筑物内的住宅专有部分享有所有权，对专有部分以外的共有部分享有共有和共同管理的权利。小区自主更新项目大概率会出现不同声音，更新意愿统一和多方利益协调涉及多方参与者的不同需求、期望和利益，直接影响项目的启动、决策过程及实施效果。

1. 合理界定统一更新意愿比例

在城镇老旧小区自主更新项目中，投票、问卷调研和公开意见征询都是摸排居民更新意愿的做法，自主更新委员会也可以通过召开居民座谈会、上门访谈等多种形式，收集多元化意见，确保业主在决策过程中的积极参与和意见表达。

但最终是否推动城镇老旧小区自主更新在于居民更新意愿的统一，而对于比例确定较为关键，这是能否推进下一步行动的重要关卡。若统一更新意愿的比例定得过高，则会造成推动实施难度过大；若该比例定得过低，则会造成项目申请过多，地方政府承担较多审核压力，且易造成社会风险不可控等情况。

目前各地在推动危旧房拆除重建或者自主更新中也明确了相关的居民同意比例有所差异，见表5-6。目前，台湾地区项目启动意愿比例定得低，项目启动较多，但为避免再次出现文林苑事件的社会舆论，即使法律规定多数人同意即可实施，在具体实施中也演变为实践中的全体同意（100%的产权人）方可实施，这导致大量项目停滞、撤回的情况，中间造成了人力、资源的浪费。

各地区统一更新意愿比例情况 表5-6

城市	比例
北京	① 意见征询和方案征询阶段需不低于总户数2/3的居民同意； ② 协议生效和启动搬迁需不低于90%的居民同意
上海	取得不低于90%的公房承租人和业主同意（具体比例由区人民政府确定）
广州	① 项目启动需经不低于90%的房屋使用安全责任人表决同意改造并确定项目建设单位； ② 协议生效签约面积达到专有部分面积3/4以上且房屋使用安全责任人签约比例达到3/4以上的
浙江	项目申请和更新方案需根据《中华人民共和国民法典》有关规定的同意比例执行
台湾地区	① 申请应该该更新单元范围内私有土地及私有合法建筑物所有权人均超过1/10，并且所有土地总面积及合法建筑物总楼地板面积均超过1/10同意； ② 若在都市更新地区内，应经更新单元范围内私有土地及私有合法建筑物所有权人均超过3/5，并且所有土地总面积及合法建筑物总楼地板面积均超过2/3同意； ③ 若在非划定的都市更新地区内，应经更新单元范围内私有土地及私有合法建筑物所有权人均超过2/3，并其所有土地总面积及合法建筑物总楼地板面积均超过3/4同意

其他大部分省市对于项目启动阶段的意愿比例定得较为谨慎，一般等于或高于《中华人民共和国民法典》的要求，但针对项目最终实施是否要达到100%有待商榷。从实际情况看，要达到100%几乎无可能，即使是杭州市浙工新村案例，在居民更新意愿较强、居民经济水平较高的情况下，属地政府也依然调动了大量的人力资源参与居民协调沟通，经过7个多月才最终实现近100%的签约率。若依照100%的统一更新率，自主更新模式可复制性较低，难以实现规模化的居民自发式改造，最终会导致项目停止或流产。因此，从现阶段而言，90%这一比例是较为适宜的，遵循了绝大多数居民的更新需求。

此外，申请表决也应做到公正规范，应由自主更新委员会通过召开自主更新业主大会或者发放问卷的形式进行表决，表决应由小区产权人参与，产权人若无法到场或签订问卷，可通过书面形式委托他人进行表决，自主更新委员会通过公开唱票或回收问卷确定表决比例符合要求后，将表决书面材料、小区自主更新申请书、危旧房鉴定报告等一起递交给所在街道办事处进行申请。

2. 搭建社区参与平台协调利益

自主更新项目的成功依赖于业主、居民的积极参与和支持，通过有效的平台，可以收集各方的意见和意愿，并确保项目的透明度和公平性。通过科学设计和实施，在提供合适的平台给各利益相关方多轮沟通后，在最短的时间内达到统一各方意愿的目的，快速开启、推进项目的建设。

应搭建线上和线下相结合的社区参与平台，使各利益方能够实时参与讨论和决策。线上、线下平台搭建后，由社区、街镇等政府部门主导，由自主更新委员会自行主持，定期召开社区会议，会议内容包括意见征集、方案确定、项目进展汇报、重要事项讨论和意见收集等。

社区参与平台一是需要定期传达信息，确保信息可达性和渗透性，通过微信公众号、社区公告栏、社交媒体等多种渠道发布项目自主更新进展和政策，如重大决议的通知、结果公示、发动居民志愿者协助等。

二是通过组建微信群、小区小程序，公开自主更新委员会办公电话、邮箱等形式收集各方的意见和建议，确保信息获得反馈。需要注意的是，线上渠道要注意舆论引导，如有不好言论或不实信息，自主更新委员会成员需要积极应对、处理并进行正面引导。

三是协调多方利益、异议纷争的合理处置。自主更新委员会根据居民更新意愿赞成情况进行分类梳理，如同意型、犹豫型、不同意型，了解犹豫型和不同意型居民的担忧点，将居民反馈的共性问题分类整理，形成问题清单，逐一回复解读，消除居民疑虑，提高居民更新意愿。最终自主更新中所有的重要决策应由产权人采用民主投票的方式决定，确保决策的公正性和透明度。

3. 协调置换弱势困难群众

一是过渡住房安置问题。针对城镇老旧小区中的困难群众，自主更新委员会和所在街道、社区应共同协助解决其过渡困难等问题，可以联动房屋中介、房管局等提供周边高性价比住房或者保障房等，对其进行安置。

二是重点帮扶老年群体。针对85岁以上老人、独居孤寡老人及身患重病等特殊群体，与其子女协商，制定个性化安置方案，如通过优先安排入住普惠型社区养老院、寻找低层保障房源安排入住、采取政府临时救济补贴、安排社区专员结对提供帮助等方式进行帮扶。

三是创新金融产品供给。对因经济原因无法支付相关费用、存在房屋抵押情况等，建议银行等金融机构为城镇老旧小区自主更新提供专项的民生金融产品，如低息贷款、老年贷款（老年人去世后由房产继承人继续支付贷款）、装修分期贷款等；通过更新后调整标的物与银行重新签订抵押合同来解决；设立地方城市更新基金，为城镇老旧小区自主更新的公益性方面提供低息融资支持。

4. 居民异议根据司法程序判决

针对居民异议，一是政府应有具体的合规性处置措施。首先，应在递交更新方案阶段，组织相关审议组织审查更新方案的可行性，并提供详细的评估报告，而非仅由地方政府行政审批；其次，可以参考台湾地区在审查阶段设置公听会听取异议，或者设置合理的异议期或反悔期来限定等待时间；再次，应对自主更新项目的立案和审判时间有所规定，避免出现项目悬而未决的情况，造成多数居民利益的损失。

二是最终交由司法判决后依法处置。若自主更新项目达到统一更新意愿的比例，而部分居民后续未配合进行搬迁、拆除等事宜，则应先暂停房屋拆除事宜，交由主管部门调解；若依然调解不成，则由法院最终裁决，直到裁决后再启动项目。

三、编制更新方案，搭建申报系统

1. 明确更新方案内容组成

（1）项目实施缘起和政策法律依据。

（2）项目前期自主更新推进时间节点、公告和通知方式。包括自主更新委员会介绍、成立时间、选举情况、自主更新政策公告形式、居民更新意愿统一方式等。

（3）项目具体概况。包括所在位置、原土地面积和建筑面积、产权情况、建筑情况、周边配套情况以及目前存在的问题，如危旧房鉴定报告或抗震设防鉴定报告。

（4）产权人统一更新比例。如产权人包括居民和单位，则分开表述，需表明同一户数、同一比例和所占有的公有面积和专有面积，见表5-7。

小区自主更新全体产权人统一比例 表5-7

类目	户数	公有面积	专有面积
居民			
产权单位			
同意数			
同意比例			

（5）项目可行性评估。包括项目目标、效益评估（针对居民层面，建筑环境、公共环境等更新前后对比；针对政府层面，城市景观、公共配套服务等前后对比）、历史建筑或文化资源保存及维护计划（若有）。

（6）项目前期工作。包括确定委托的建设主体、原房产评估（可选三家房地产评估公司，以平均值为准）、预估总体建造费用、费用筹措和分摊方式、原房屋拆除计划、过渡安置计划（含困难群众情况说明），见表5-8。

预估资金投入费用组成表 表5-8

总项目	细项
前期费用	房屋拆除费用
	不动产估价费用
	鉴定费用
	规划费用
	勘察设计费用
	审查费用
	管线和苗木迁移费用
	……
工程费用	建安工程费用
项目管理费用	建设单位管理费用
	工程保险费用
其他	零星土地兼并费用
共同担负费用总计	

（7）项目设计方案。包括前期分析、规划设计（需包含不计容部分阐述，若有零星土地或闲置用地整合需阐述）、立面设计、户型设计（若户型有优化，需前后对比）、景观设计、效果图、技术图纸等内容。

（8）选房和物业管理方案。包括制定选房方案、选车位方案，以及制定物业管理标准、委托的物业管理公司和物业缴纳标准、预计经营性收入来源等。

（9）项目风险评估与管控。包括资金来源保障和管控方式承诺、项目交付后维护管理事项及年限。

（10）项目工程建设管理。项目建设周期预估，细化到阶段性工程完成时间预估（申请腾空拆除、申请办理规资和建筑许可、工程施工、铺设管线、税费减免申请、产权登记等时间预估）、工程质量监管方案。

2. 专业人才参与式设计

参与式设计即确立以居民为主体，第三方团队则需要将专业设计内容翻译为普通居民也能理解和沟通的内容，同时将居民主体意愿转化到设计中。参与式设计与自主更新是不谋而合的，能够在改造的"事前、事中、事后"起到很好的缝合作用。

《自然资源部办公厅关于进一步加强规划土地政策支持老旧小区改造更新工作的通知》提到，各地应积极引导鼓励注册城乡规划师等规划专业人员进社区，为老旧小区改造提供专业指导和技术服务。因此建议城市更新规划师和建筑设计师组成的链接团队应该在方案编制阶段介入或入驻小区，协助居民完成自主更新。

地方政府应该建立自主更新人才培养体系，建立自主更新推动师机制或者自主更新专家库，可将自主更新推动师或者自主更新专家引荐到社区，并将自主更新社区服务工时纳入职称评审中，或者对于修完全数的自主更新课程的人员即可抵扣继续教育课时，自主更新专业链接团队的工作包括：一是编制老旧小区自主更新作业手册，为已经组建自主更新委员会的成员或者拟推进老旧小区自主更新的居民志愿者进行具体执行层面的培训；二是评估代理实施主体，与自主更新委员会配合，对自主更新代理实施主体遴选提供建议，实现居民对住宅设计和未来社区场景的构想；三是帮助解读设计方案，帮助居民对多个设计方案进行比对，了解差异和特点，从而对项目设计方案达成共识；四是后期协助交房，若居民缺少业委会，则需要帮助居民成立业委会，制定邻里自治计划。

3. 搭建自主更新申报系统

地方应该搭建自主更新申报系统，申报系统的启用，可以大大降低居民内部的长期协商，以及居民与政府之间由于政策落实的不确定性所造成的信任成本。政府可搭建自主更新申报系统，由自主更新委员会经政务网或小程序端口进行自主更新申报，主要涉及内容与程序为：输入项目相关信息，填写居民申请的诉求内容（原小区总面积和建筑面积、原房屋结构、住宅幢数、配套用房幢数、居民户数、危房幢数、危房等级、抗震设防烈度、居民同意率等），系统结合周边二手房价格、工程建设市场成本、当前系统申报数据库、政府政策信息库等，导出居民投入初步账本、临时安置路径选择、小地块或片区的申报率实况、政府相关的补贴内容等。

自主更新申报系统意在通过人工智能和大数据技术，对自主更新项目进行初步概算，基于整体项目概算，根据每户居民住房面积和特殊家庭情况，得出每户家庭资金投入概算，便于居民自主查询，方便评估与决策自主更新，降低基层政府投入的人力成本，这一系统能够解决老龄化老旧小区中老年人不会算账、子女不在身边、无资金、无心力参与等顾虑，解决不在本地的业主参与度低的问题等。

四、完善动态管理，支持信息决策

申报自主更新项目的最小单元是单栋住宅，2幢或多幢住宅组团，或是一个小区或多个居住组团，应结合城市体检和居民改造意愿形成居住类城市更新项目库。对于已经纳入老旧小区改造年度计划但未改造的自主更新项目，可以享受旧改资金补贴。

自主更新是一个动态管理的过程，涉及自下而上的实施单元和自上而卜的管理单元，两者互为关联与制动，在"事中"协调好规划与建设是一项重要的设计与工程管理工作。因此，建议建立一个项目化的自主更新信息决策支持系统，为每户房屋进行ID编码，导入自主更新申报系统的相关信息，并完善形成"人＋屋"的两套指数，见表5-9。

"人＋屋"指数组成   表5-9

指数类型	具体子项
"人"的指数	以自主更新意愿为第一，附属信息包含基本的年龄结构、家庭结构、户口属性、经济状况等。以应对解决居民决策变化，形成有效且及时的对策
"屋"的指数	私有房屋属性——房屋性质、规划用途、使用状态、建筑面积、建筑结构、建筑层数、建筑年代、建筑质量、住宅户型、二手房价变动趋势等； 公共建筑属性——配建指标、停车指标等信息。在居民自主更新意愿不变的前提下，协调好不同单元之间的启动顺序与改造引导，形成一个数字孪生、可视化的动态管理模型

信息决策支持系统是一套弹性规划系统，应以整体城市规划设计框架为依据，既保证居民参与设计、协助工程建设；也保障未来社区场景建设不重复、不打架。最终更新建成路网结构完整、市政设施健全、公共空间与绿化布置合理的街区，降低改造过程中不确定性成本的出现。

第三节　优化自主更新规划政策和审批机制

一、应适当放宽容积率

1. 坚持户数不增加

容积率是政府控制土地使用密度，平衡公共基础设施和公共空间建设，保证有特色的城市形态建设的重要管理指标[54]。容积率也是衡量一个小区居住舒适度和土地使用强度的重要指标，一般而言，政府容积率越高，人口就越多，所需要的配套服务随之增加。因此，在老旧小区自主更新中，无论是财政补贴、增加容积率还是转变性质，都一定程度上显性或隐性地转移损害了公共财富。因此，老旧小区自主更新项目应该坚守"户数不增加"底线，从而达到容积率控制的目的。

同时，老旧小区自主更新项目应遵从依法、安全、便利的原则，在符合上位规划的情况下，针对不同改造情形，优化规划许可办理程序和分类管控规则，依托国土空间基础信息平台简化工作程序，并纳入国土空间规划"一张图"系统实施全生命周期监管。

2. 优化容积率核定

应加强保障民生和激励公益贡献为导向核定容积率，建议相关部门明确自主更新项目的容积率优化核定内容，具体包括以下方面：

一是参考《支持城市更新的规划与土地政策指引（2023版）》，为满足安全、环保、无障碍标准等要求，对于增设必要的楼梯、电梯、公共走廊、无障碍设施、风道、外墙保温等附属设施以及景观休息设施等情形，其新增建筑量可不计入规划容积率。

二是部分老旧小区现有的容积率标准已经高于规划指标控制，一旦实施自主更新，将符合现有规划指标控制。但若因公共服务设施、公共空间建设需要，则可参考新加坡沿用旧容积率。而相关部门需要制定沿用旧容积率的适用范围。

三是应推动容积率区域统筹，引导部分居民外迁，从而达到中心城区人口疏解、降低容积率的目标。目前，浙工新村自主更新项目设计方案的规划指标从大范围而言满足不低于现状，不对相邻地块产生负面影响的"两个不恶化"原则。但从严格意义而言，浙工新村更新后，该小地块容积率将由原来的1.5升至2.15，其所在的朝晖六区大地块的容积率将从1.5升至1.6，虽然满足朝晖六区容积率1.8控规范围，但浙工新村1/5居住地块侵占了周边4/5地块的容积率权益，并且这种情形下拆除重建后的住宅依然和标准新建住宅有差距。

更有甚者，现有容积率远高于规划指标，如杭州市闸弄口新村就面临着这种问题，在这种情况下，最理想的方式是结合居民意愿和困难群众救济，鼓励部分居民外迁，对外迁居民产证注销，有利于疏解中心城区人口规模。目前，我国台湾地区针对户数可能减少的情况，制定了权利变换制度，通过公平、公开、公正的方式处理相关权利人的房屋分配，更新后房屋产权总价值扣除抵付共同负担后，依土地权利变换前之权利价值比例，分配给原土地所有权人[55]。

针对这种情形，建议相关部门研究制定合理的容积率转移机制和经济补偿机制，同时项目自主更新方案中也应增加部分居民外迁赔偿方案，从而推动老旧城区建设高品质居住区，提升城市的整体形象和功能。

3. 合理增加住宅面积

一是为保障居民权益不受损，一般需要以新旧房套内建筑面积相等为原则确定原房置换面积，这存在着面积补差的情况，这种情形无须居民补缴土地出让金。即：原房置换面积＝原房套内建筑面积/新房得房率。新房得房率小高层按80%预估，高层按75%预估，取整后确定新房置换（预估）面积，新房交付时按实调整原房置换面积。房屋更新后建筑面积增加比例为：1/80%＝1.25，1/75%＝1.33。原房楼层朝向等面积补差是原房高于标准房屋的楼层朝向等，面积补差＝调差率×原房建筑面积。

二是为满足《住宅设计规范》GB 50096的要求，应该适当增加厨房、卫生间的使用面积。这种情形原则上也无须居民补缴土地出让金。广州市对于低于90m²的住房正是采取这一扩面原则。

三是老旧小区拆除重建后，在满足上位规划的情况下，按照现有标准规范建设后，仍有增量空间的情形，在确保居民更新前后套内面积保持不变的基础上，对小户型采用适当扩面的方式提高居民更新意愿，这种情形需要居民补缴土地出让金。即原房置换面积＝原房套内建筑面积/新房得房率＋扩面面积。但这一政策并不适用一些户型较大、功能较完善的住宅，因此需要对扩面适用住宅加以限制，建议对90m²以上户型不扩面，并通过区域人均居住面积，计算得出项目容积率调整的上限和下限，并作为扩面依据。

然而，目前，第三种情形自然资源部暂无相关支持政策，但从我国台湾地区、日本的经验看，通过利益驱动能够更大力度提升居民更新意愿，尤其是对于中小城市而言，老旧小区若没有扩面，更新后房产增值不明显，居民则缺乏有效的自主更新动力。浙工新村自主更新的有效推动是采用了合理扩面的方式，即每户最多扩面20m²，扩面部分按市评估价出资。因此，在规划指标有余量的情况下，可为居民提供必要的扩面；同时在"减量发展"的理念指导下，要避免地方政府为推动项目实施，而造成无序扩面、破坏城市规划的情况。即政府对居民的扩面支持需要有章可依，并有所限制。

4. 完善容积率奖励举措

合理增加住宅扩面是一种激励居民改造的措施，同时，适当采用容积率奖励对于激励居民出资具有一定的积极意义，从以往的"扩面制度"走向"容积率制度"是符合城市更新的更理性选择。那么如何把握好容积率奖励的度，平衡好居民、属地政府、上级政府等三方利益，既在合理范围内改善居民居住条件，同时缓解属地政府财政压力，又要保障不损害上级政府可统筹分配的财政资金。

地方规资部门应结合地方实际情况，基于居民对周边环境改善、城市风貌改善、城市公服配套设施改善、城市可持续发展的贡献值等因素考虑，制定《容积率奖励办法》，提出具体的容积率奖励规则，作为居民合理扩面的依据，并规定容积率奖励上限，而居民可依据容积率奖励办法和经济情况，通过测算权衡扩面面积。

5. 制定差异化技术标准

每个建设用地地块都有详细的规划设计条件，明确用地性质、用地面积、容积率、建筑密度、建筑高度、绿地率、交通出入口方位、停车泊位、其他需要配置的公共设施等规定性指标，以及人口容量、城市设计要求、其他环境要求等指导性指标。由于原有地块限制，许多老旧小区改造后建筑密度、建筑高度、绿地率等指标确实无法满足现行标准规范的，在保障公共安全的前提下，经充分论证后以不低于现状的标准进行设计。

二、优化土地使用办理

1. 土地退让

应城市规划统筹需要，老旧小区自主更新项目中，为满足上位规划，可能会出现土地退让、腾挪等情形。如浙工新村自主更新项目中，因涉及旁边上塘快速路，原则上应该实现建筑退距不少于30m，但退距会损害居民原有土地权益，经相关部门充分论证并审查，最后以不低于现状设计。但若按照符合现行规划条件进行方案设计，则应保障居民土地使用权益不受损。

除此之外，因公共空间和公共设施需要、消防安全需要等也可能会出现土地退让情形。因此地方应该研究制定容积率补偿方案，或者参照周边商品房价格制定货币补偿方案，并同步制定此种情形下的不动产证办理程序。

2. 零星用地兼并

老旧小区自主更新项目周围可能存在着零星用地尚未开发，若通过联动更新实现土地高效利用，根据自然资源部相关文件要求，零星用地经属地自然资源主管部门组织论证不具备单独供地条件的，经有批准权的人民政府批准后，可按划拨或者协议有偿使用土地的有关规定，依法依规确定土地使用权人（商品住宅用地除外），核发国有建设用地划拨书或签订国有建设用地有偿使用合同。

自然资源部没有否定零星用地兼并，但在执行层面，尚无具体建议。因此，建议地方应制定零星用地具体论证流程，同时针对联合开发所采取的两种土地出让方式制定适用情形，若采用划拨出让土地的方式，应制定具体的出让和办证方式，以及出让后土地的具体用途等；若采用协议有偿使用土地的方式，应制定有偿使用零星土地的申请方式、零星土地使用权出让价格标准、出让后土地的具体用途等。

三、引入预告登记制度

自主更新项目实施的第一个环节是拆，是对于物权的直接处分，但针对住宅这一特殊标的物，由于与周边的环境、基础设施、公共服务设施等相互关联，物权处分无法针对单一个体独立行使，而是由全体居民共同决定。然而老旧小区自主更新项目周期跨度长，可能存在着部分居民前期达成更新意愿，实施了房屋拆除和更新，但是后续违反前期约定的情况。

目前，浙工新村自主更新项目中，每户居民对于更新后选房晚于原房屋拆除，虽然有产权不注销和"旧证换新证"政策提供保障，但是对于银行而言，一些居民原房产抵押等情况，则存在着标的物灭失的风险；对于实施主体而言，也面临着一些居民对更新后房屋不满意而拒绝出资的风险；对于居民而言，更新方案中房号的不确定性也会影响其更新满意度。

商品房的预告登记是一种不动产登记制度，主要是为了防止不动产权利人违反约定处分不动产，保障债权人将来取得物权。通常适用于预购商品房、以预购商品房设定抵押、房屋所有权转让或抵押等情形。此外，在商品房预售中，购房人可以就未建成的房屋进行预告登记，以防止开发商"一房二卖"，也是对购房人权利的保护。

自主更新项目同样可以参照商品房，在流程一环中建立预告登记制度，这样既避免了银行抵押物落空的风险，又能够确保居民的房屋产权，还实现了实施主体从建设到竣工全生命周期融资"零断档"的目标。按照原有规定，实施主体在办理土地抵押后，如变更为在建工程抵押，须先偿还抵押贷款，注销原抵押登记，签订新的抵押合同，再重新办理抵押登记。

因此，在实施主体制定最终的更新方案时，一是应该提供详细的房屋位置图和房号分配表；二是应该明确居民选房的程序和方式，预告登记的程序和要求；三是除外迁居民产证注销外，对其他居民应再签订协议，房屋拆除前同步开展选房，到不动产登记中心进行预告登记，明确居民更新后的房屋坐落、房号；四是协议生效后应将预告登记、选房程序、房屋坐落和房号等信息进行公示，保障居民的知情权，公示可以通过社区公告、官方网站等渠道进行，使居民及时了解相关信息。

四、优化审批办证程序

1. 土地确权代替供地

根据规划和自然资源部门现有要求，涉及土地权属变化、用地范围调整或新增建设用地等情形的提升类改造项目以及拆除重建项目，需要按规定重新办理用地手续，同时项目立项程序上也需要规划和自然资源部门出具项目规划选址意见书。

但针对在原址翻建的自主更新项目，由于项目选址和土地权属未变更，原土地无须注销后再出让，建议用土地确权代替供地手续，再由居民股份公司申请立项，发展改革部门批复项目可行性报告，规划和自然资源部门在土地确权后办理建设用地规划许可证、设计方案审查和建设工程规划许可核发，项目竣工后由住建部门牵头，对规划条件、建设工程消防验收与备案、人防工程验收与备案、建设工程城建档案验收等实施联合验收。

2. 以联审代替缺失材料

针对自主更新项目，可参照老旧小区改造对审批流程进行优化。对于因历史原因导致的材料缺失，在遵循相关法律法规和政策的前提下，根据实际情况和现有证据，采用多部门协商确定替代方案或认可方式。

在项目审批上，建议由地方住房城乡建设主管部门组织发展改革、住建、规划、财政等相关部门进行联合会审，规划和自然资源部门可对相关规定的增加必要的电梯、无障碍通道、风道等进行不计容审查，并对适当突破技术标准的设计，按不低于现状，且不对相邻地块产生负面影响的原则进行审查。按会审纪要办理立项、核发建设工程规划许可证、施工许可证等手续，以土地确权办理用地许可证。涉及工程验收、备案等后续管理规定，建议由各地方相关部门予以细化和明确，见图5-8。

3. 首登土地使用年限不变

以往拆迁安置模式是政府统一征收土地后再通过招拍挂公开出让开发商，相当于重新供地，住宅用地70年土地使用年限应重新计算。但自主更新项目，在首次登记时应保持土地使用年限、房屋用途等不变，才能确保政府公共利益不受损。目前各地基本遵循了这一原则。如《浙江省住房和城乡建设厅 浙江省发展和改革委员会 浙江省自然资源厅关于稳步推进城镇老旧小区自主更新试点工作的指导意见（试行）》提到原拆原建项目不动产权证书采取变更的方式更换新证，土地年限仍按原来的计算；再如合肥市发布的《合肥市城区危险住房翻建重建管理暂行规定》也明确，危险住房翻建、重建的，土地使用权期限和起始日期维持不变。

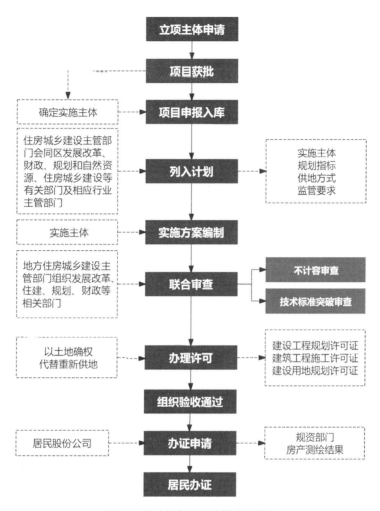

图5-8 自主更新项目审批流程优化

第四节 构建自主更新资金筹措和监管机制

一、明确全体业主出资主体责任

1. 全体居民按比例出资

真正可持续的自主更新模式应实现财务资金的自主，在推动自主更新项目中，应明确直接受益人为居民，住宅建设资金应由产权人按照原建筑面积比例承担。相对而言，单幢房屋的自主更新，一般不涉及小区公共区域改造，如公共环境、绿化、停车位建设等，一般居民仅承担房屋主体的建设成本，相对而言分摊费用较低，可担负性强；然而涉及小区规模的自主更新项目，投资费用相对较高，一般政府作为公共服务配套设施的产权主体负责该部分的更新，而其余部分则由居民承担。

在对拆除重建项目进行详细的成本估算时，应该包含前期费用，如拆除费用、居民过渡费、后期建安工程费用和建设工程其他费用。与此同时，自主更新委员会应该在统一项目更新方案阶段，充分展示房屋更新前后居住环境的对比，以及房屋更新前后的价值对比，对原房产价值＋居民投入费用和更新后房产预估价值作一个明确的比较，以实际数据让居民感受到投入后的收益。

2. 制定合理的选房方案

征迁环境下回迁选房通常以缔约先后确定选房顺序，或辅以选择的安置户型分类依序排位，或整体摇号、分段摇号等。但在自主更新的情境下，业主购房或分房之初充分考量了价格、朝向、结构、层次等因素，若仍以随机性或署名顺序确定选房先后，明显不具有公平性。鉴于《浙江省住房和城乡建设厅 浙江省发展和改革委员会 浙江省自然资源厅关于稳步推进城镇老旧小区自主更新试点工作的指导意见（试行）》提出，在保障公共安全的前提下，以不低于现状为底线在更新改造中对建筑间距、退距、面宽、密度等进行优化，建设方案的设计可预期与原状接近，如果在新旧房之间能大致还原对应业主原房屋的，建议按原层次朝向安置，出现高于原房屋楼层的情况时，也应当尊重历史，容许业主选择原位置而非原层次。

城镇老旧小区自主更新中，建成后居民的房号选择和分配涉及的因素较多，这一点参考影响商品房住宅市场定价原则也可以窥见一斑，房地产企业为了优化销售策略、有效管理库存、提升客户满意度等，通常会制定销售分户型价值排序，涉及平面差、层差、朝向差、纵向差、景观差、噪声差、采光差、通风差、楼幢差等诸多因素。

① 平面差（朝向差）——分户型价值排序要点

根据景观、朝向（采光、通风，根据情况可以单列）、遮挡、户型面积、户型设计等因素，分析每个户型。参考权重见表5-10。

分户型价值排序参考权重　　　　　　　　　　　表5-10

分项	景观	噪声	朝向	面积	户型	采光	通风
权重	30%	25%	20%	10%	5%	5%	5%

② 层差——关注同层最高价、最低价的差距，在某一方向有特别景观时尤为重要。

③ 纵向差——主要根据客户心理预期做价差，图5-9主要表达不同楼层的价

值关系，见图5-9。

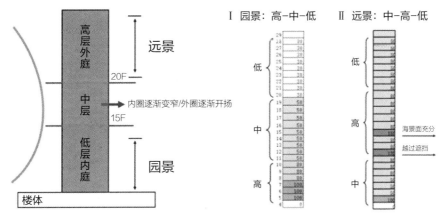

图5-9 不同楼层价值关系示意图

层差存在一定的不均匀性，也没有固定的取值范围，对销售价格的影响可以是0元，也可以是1000元，甚至更高，完全取决于调差需要，层差大幅跳动的可能点是：

a. 景观突变的楼层；

b. 吉利楼层数8、9、22、28等；

c. 心理数，例如：9层和10层之间，19层和20层之间等；

d. 层差敏感度：在低楼层、中间楼层敏感度较大；高楼层敏感度小；档次越高的楼盘，客户对层差的敏感性越低。

以上层差敏感点是一个基本状况，但需要结合景观、户型来具体分析和调整，见表5-11。

分户型价值排序案例分析 表5-11

基价：1km范围内同类二手住宅价格（元）	11584			
房型：根据户型价值不同，有不同户型价差关系，举例以D2户型作为基准，其他户型设定不同差价（元）	D1	D2	D3	D4
	1400	0	100	200
平面差价差（元）	东边套	西边套	中间套	
	975	525	0	
排差价差（元）	第一排	第二排	第三排	第四排
	1000	300	300	0
列差价差（元）	第一列	第二列	第三列	
	0	300	0	

续表

架空层价差（元）	有	无		
	500	0		
地下室价差（元）	有	无		
	3000	0		

层差以11层小高层为例，设定3F为基准层，具体层差系数关系见表5-12。

11层小高层层差系数分析   表5-12

11层层差（元）		层差（元）
11F	350	−500
10F	850	−200
9F	1050	100
8F	950	100
7F	850	150
6F	700	150
5F	550	200
4F	350	350
3F	0	350
2F	−350	650
1F	−1000	0

注：以上定价框架是商品房住宅销售定价模型，数值部分是经验值，不同小区要根据不同情况做数值设定，没有统一标准。

综上所述，影响居民居住舒适度的因素较多，新建住宅的选房既要考虑房屋户型分配的合理性，更要考虑居民选择的公平性。需要建立一种科学合理、公平公正的选房体系和机制，才能高质量推动自主更新工作的开展。本书提出以下两种选房方案设想：

一是拆除原房之前，将每户的平面差、层差、朝向差、景观差、噪声差、采光差、通风差、楼幢差折算成具体权益，通过新房安置面积补偿或货币补偿到位后，应和每户居民签订协议，再采用缔约先后或整体摇号方式确定选房顺序。比如浙工新村将居民原房的位置、层差等折算相应的安置面积补偿。

二是采用因素权重化和有限范围内先后相结合的方式，如线上和线下方式。

权重因素包括但不限于：楼栋位置、居住楼层、签约次序、腾房时序。在选房方案通过之后，应和每户居民签订选定房产和车位的相关协议。

3. 房屋增值与居民获得感

以浙工新村60m²扩面80m²为例，根据测算，传统征迁模式下居民的成本收益比为1∶1.8～1∶1.6，自主更新模式下居民的成本收益比约为1∶1.45。从数据上看，虽然自主更新模式下居民的收益略低于传统征迁模式，但更新后的房屋市场价值仍然远超原房价值与居民自主更新投入的费用总和，且更新后居民的居住环境和生活质量能得到显著的提升。

政府财政无力承担高昂的征迁成本，住房和城乡建设部也多次定调城市规划建设要摒弃大拆大建、急功近利的倾向，以适应新时代稳步实施城市更新行动的战略定位。自主更新能够带来的房屋增值和居住获得感提升，是推动居民自筹经费进行危房解危和居住环境提升的动力。

但值得注意的是，浙工新村更新后的房屋增值，主要来源于扩面部分的房屋差价，需要审慎研究并严格控制自主更新项目合理的扩面指标，避免居民出现扩面无上限的无序需求，进而破坏城市规划。

二、协调专营单位支持配套建设

为稳步推进城市更新行动，提升城市品质，改善人居环境，政府应协调引导管线单位或国有专营企业支持配套建设或出资参与改造，通过明确相关设施设备产权关系，给予以奖代补政策等，支持管线单位或国有专营企业履行社会责任，对老旧小区的供水、供电、供暖、供气、通信等专业经营设施设备进行改造提升。

1. 专营设施交付标准和设计管控

房屋交付的标准涉及多个方面，其中水电燃气设施的完备性和功能性是关键要素。适合自主更新的标准，主要从安全性标准、能效标准、环保标准、智能化标准等方面落实，同时也应适应新技术发展，植入新内容，融入绿色建筑理念、节水灌溉系统、废弃物回收和处理等概念。不同于一般新建项目，自主更新项目的目标群体已基本明确，相对于后续业主的需求也能够明确，见表5-13。

专营设施设计管控 表5-13

流程	具体事项
前期调研	了解供电可靠性、用电负荷需求、用电安全性、节能环保性、燃气供暖需求、供水量、供水压力、室内及公共区域用电布局等

流程	具体事项
规划设计	根据各项调研结果，出具成果报告，制定详细的设计方案，确定项目的关键里程碑和时间节点，以便配套单位能够提前规划并安排相应的工作
设计管控	成立专门的联合设计管理部门，负责统筹管理各项设计工作。建立联席会议制度，加强信息共享，鼓励社会监督
新技术应用	设计过程中应用BIM技术，既给规划、设计、施工带来各种便利，也便于在过程中对居民进行展示。在满足居民期望的同时，可新增智能化相关设施，例如安防、停车管理、智能照明、智能运动健身等

2. 制定多类型惠民支持政策

自主更新项目应该向专营单位争取合理的价格和优惠政策，专营单位则应该对该类民生项目制定多种类型的优惠扶持政策，具体可通过减免收费、优惠补助、按照成本价收费等方式，降低居民在该方面的投入，见表5-14。

专营单位多类型支持政策及范围　　　　　　　　表5-14

支持力度	具体范围
减免收费	• 自主更新项目红线外市政管网、管线建设及满足项目要求的改造费用由政府统筹，免收费用； • 雨污水的排污纳管减免收取； • 施工用水接管费用减免收取； • 供（配）电工程高可靠性供电费用、临时接电费用减免收取； • 通信基站设备减免收取； • 减免设施铺设、设备接入费用； • 为专营设施布局、管网线路规划提供免费的专业技术指导
优惠补助	• 免收城市基础设施配套费等行政事业性费用和政府性基金，涉及的经营服务性费用减半收费； • 水、电、燃气、通信、电视等管网、管线建设的监理、管网检测等费用减半收费； • 水、电、燃气、通信等账户开户费用减半收费
按照成本价收费	• 充电桩设备、管网的建设，由自主更新范围内的业主自主确定； • 水、电、燃气、通信、电视等管网、管线铺设的工程建设按固定成本收费，由具备资质的咨询单位审核确定； • 水、电、燃气、通信、电视等设备采购及施工按固定成本收费，由具备资质的咨询单位审核确定

三、优化自主更新税费优惠政策

目前针对自主更新项目，国家层面并无相关的税务减免政策。同时为保障公共利益，自主更新中涉及土地兼并、扩容的情形应当按规定补缴土地出让金、税费等费用，但其作为居民自主建造的老旧房屋的一种新模式，非房地产销售项目，现阶段为推动项目的顺利落地，可实行打折、退免等优惠政策。

1. 参照房屋建设和保障房税费政策实施税收减免

2023年，财政部、税务总局、住房和城乡建设部联合发布的《关于保障性住房有关税费政策的公告》中作出的税费政策：一是对保障性住房项目建设用地免征城镇土地使用税。对保障性住房经营管理单位与保障性住房相关的印花税，以及保障性住房购买人涉及的印花税予以免征。在商品住房等开发项目中配套建造保障性住房的，依据政府部门出具的相关材料，可按保障性住房建筑面积占总建筑面积的比例免征城镇土地使用税、印花税。二是企事业单位、社会团体以及其他组织转让旧房作为保障性住房房源且增值额未超过扣除项目金额20%的，免征土地增值税。三是对保障性住房经营管理单位回购保障性住房继续作为保障性住房房源的，免征契税。四是对个人购买保障性住房，减按1%的税率征收契税。五是保障性住房项目免收各项行政事业性费用和政府性基金，包括防空地下室易地建设费、城市基础设施配套费、教育费附加和地方教育附加等[56]。

自主更新项目经属地政府认定并立项后，可将信息及时提供给同级财政、税务部门，从而让居民在办证时享受相关的税费优惠政策。

2. 为社会力量参与自主更新提供税收优惠

如北京市发布的《老旧小区综合整治中养老、托育、家政等社区家庭服务业税费减免工作指引》中，对增值税、企业所得税、契税、房产税、城镇土地使用税的优惠内容、办理流程和提交材料等做出了详细说明。如增值税的办理流程为，纳税人可通过申报直接享受税收优惠政策，无须提交材料；而契税则需要纳税人在申报时提交《契税纳税申报表》、有效身份证明资料、房屋及土地权属转移合同及合同性质凭证原件、减免契税证明材料（证明承受房屋、土地用于提供社区养老、托育、家政服务的）等[57]。

老旧小区自主更新项目中，可以对以下企业的投入范围提供税收优惠政策：对于参与政府统一组织的老旧小区改造的专业经营单位，其取得所有权的设施设备等配套资产改造所发生的费用，可以作为该设施设备的计税基础，按规定计提折旧并在企业所得税前扣除；所发生的维护管理费用，可按规定计入企业当期费用税前扣除；对于为社区提供养老、托育、家政等服务的机构，提供相关服务取得的收入免征增值税，并减按90%计入所得税应纳税所得额；用于提供社区养老、托育、家政服务的房产、土地，可按现行规定免征契税、房产税、城镇土地使用税和城市基础设施配套费、不动产登记费等。

四、匹配适宜的筹资和监管方式

自主更新项目专项资金筹集一般可以分为两种方式。不同项目可依据项目体量、居民经济情况、户均出资额等因素综合考量，选用适宜的资金筹措模式，见表5-15。

自主更新项目专项资金筹集模式分析 表5-15

筹资模式	优势	劣势
实施主体代为融资	·资金筹集较快，项目启动快； ·为居民提供较长的资金筹措时间	·面临部分居民违约不承担费用的风险； ·会产生利息等财务成本
居民预缴资金	·居民对于出资金额有清晰判断； ·有资金保障，后期违约风险小	·资金监管上需较强的信任凭证； ·居民筹集资金能力不一，周期过长； ·一旦预缴资金有盈余，可能面临过度投入问题

1. 实施主体代为融资模式

由实施主体评估具体项目能取得的贷款额度，并在项目立项核定后协助向银行申请融资贷款，同时在银行建立专项账户。

工程进行时会按照不同阶段，经自主更新委员会、政府监管机构和银行同意后，向银行申请动拨工程款给施工方，并提供具体的收支明细。

房屋竣工验收后，实施主体需要统计贷款划拨、改建费用、盈余分配，在办理不动产证时，还需负责分户资金筹集，并协助办理分户贷款。

2. 居民预缴资金筹资模式

制定预缴方案。明确预缴的金额计算方式，可根据项目设计方案的预算、居民房屋面积、分摊比例等因素综合确定；应规定预缴的时间节点和分期安排。

信息公示与沟通。自主更新委员会应通过小区公告、居民会议、线上平台等多种方式，向居民详细公示预缴方案的内容，包括每户预缴金额测算方式、资金用途、退款政策等；自主更新委员会设立咨询渠道，解答居民对于资金费用和缴费方式等疑问和担忧。

与居民签订协议。实施主体需要与居民签订预缴协议，明确双方的权利和义务。协议中应包括预缴资金的管理方式、违约责任、收款方式等条款。如收款方式包括现金缴纳、公积金提取、银行贷款发放等，应以具体到账时间为依据。

退款与调整。若自主更新项目因各类因素出现变更或取消，应按照约定的退款政策，及时退还居民预缴资金；同时根据工程实际成本情况，对预缴金额进行合理调整时，应通知居民；建设款项有结余时，也应依据原有预缴比例退还给居民。

3. 明确资金使用和审批流程

设立项目资金共管账户。由实施主体、自主更新委员会、社区共同开设自主更新改造项目资金共管账户，建立资金台账，确保项目每一笔相关资金的来源和去向可追溯，做到专款专用、专项管理、分账核算。同时要定期公布专项资金的收支明细，向居民公开资金使用情况，包括支出项目、金额明细等。

建立精细化的预算管理制度。要求在项目规划阶段就进行详细的成本估算和效益分析，明确每一项内容的预算金额和预期效果，定期对预算执行情况进行跟踪和评估，及时调整不合理的预算安排；同时要强化项目管理，确保工程按时按质完成，避免资金闲置和浪费。

明确资金使用审批流程。制定详细的资金使用流程和审批程序，明确审批权限归属，确保每一笔项目资金使用由共管成员知晓并确认，资金使用符合政策规定和既定使用方向，安全、规范、高效运行；对项目变更进行严格审批，防止因随意变更导致的资金超支。

4. 构建公开透明的资金监管体系

加强政府部门的监管力度。属地政府部门应对专项资金执行情况承担指导和监管责任，为自主更新项目的外部监督与审计提供法律依据和标准。应建立定期巡查和不定期抽查制度，对自主更新项目专项资金的分配使用、资金拨付、监督检查实行"事前—事中—事后"的全过程监管机制。

引入绩效评估机制。设定明确的绩效指标，如工程进度、质量、居民满意度等，对资金使用效果进行量化评估。根据绩效评估结果，对资金分配进行动态调整，奖励高效使用资金的项目，减少对低效项目的投入。

鼓励居民参与监督。自主更新小区应成立由居民代表、社区工作人员、相关部门人员组成的监督委员会，做好专项资金缴纳的组织协调工作。定期组织相关培训活动，提供必要的信息支持，加强财务审计、合同审查等专业知识的监督能力。

强化外部监督与审计。引入具备专业资质的第三方审计机构，定期对专项资金的使用情况进行审计并出具审计报告，确保资金使用的合规性和合理性。各监管主体的职责和权限见表5-16。

各监管主体的职责和权限 表5-16

监管主体	职责	权限
政府相关部门（如住房和城乡建设局、财政局）	• 制定和完善专项资金管理的政策和制度； • 审核老旧小区改造项目的资金预算和使用计划； • 监督资金的分配和拨付，确保资金按照规定用途使用； • 协调解决资金管理中的重大问题	• 要求项目实施单位提供资金使用的相关资料和报告； • 对违规使用资金的行为进行查处和纠正； • 调整或暂停资金的拨付
审计部门	• 对专项资金的收支情况进行定期审计和专项审计； • 检查资金使用的合规性和效益性； • 提出审计意见和建议，督促整改审计发现的问题	• 查阅与专项资金相关的财务账目、凭证和文件； • 对相关单位和人员进行调查和询问
自主更新委员会/业委会	• 协助政府部门宣传专项资金的政策和管理要求； • 收集居民对资金使用的意见和建议，并向有关部门反馈； • 监督本社区改造项目的实施过程和资金使用情况	• 参与项目资金使用的讨论和决策； • 对社区内的违规行为进行劝阻和报告
居民	• 监督资金使用情况，反映居民诉求； • 参与资金使用监督检查工作	• 查阅相关的资金使用信息和资料； • 对资金使用提出质询和建议
社会监督（如第三方评估机构）	• 独立对专项资金的使用效果进行评估和评价； • 提供客观、公正的评估报告	• 按照委托协议获取相关数据和信息； • 依据评估结果提出改进建议
……	……	……

第五节　完善自主更新项目精细化管理机制

自主更新项目有别于一般项目，需要做到更合理、更科学、更严格的项目管理。一是可能因居民诉求变化，造成工程变更和调整，由于存在居民过渡的问题，变更可能对进度和成本管控产生较大影响，因此在沟通时要了解他们的需求和意见，对于居民的不合理要求，应进行耐心解释和说明，避免产生不必要的纠纷，防止出现个别居民阻挠耽搁施工进度的情况。二是自主更新项目因为出资来自居民，需要注重平衡项目品质与成本控制，房屋交付时给到居民超过预期的结果，才能不损害居民利益，提高居民满意度。

自主更新项目需要做到全过程成本控制，从拆迁、三通一平、规划、设计、建设、交付、运营等各个环节对成本进行有效控制与管理，并将有限的资金和资源用于最需要的地方。自主更新整个项目周期管理包括项目前期工作周期，包含拆除、报建、项目设计、成本测算和招采等流程；项目工程建设工期，根据项目地上层数和地下层数有所差异，见图5-10。

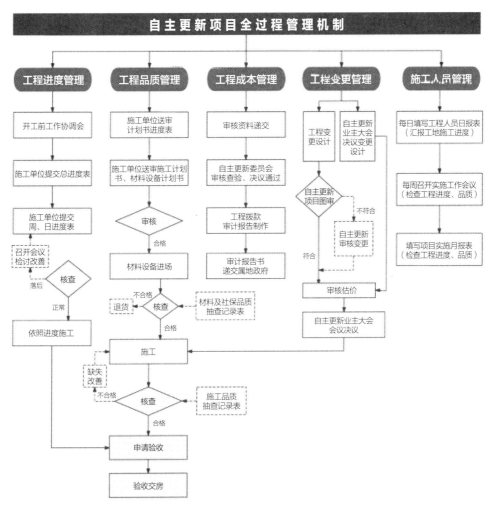

图5-10 自主更新项目全过程管理机制

一、集约建造要素，优选住宅层数

改建后由于建筑层数对项目整体投入具有较大影响，出于节约成本考虑，在符合规划条件下，优先选择建造投入最经济层数。

如浙工新村选择了最经济的11层住宅，是因为建设成本方面，11层住宅通常采用框架剪力墙结构，这种结构在保证建筑稳定性的同时建设成本相对较低，相比之下更高楼层所需的结构体系更为复杂、对地基的承载力要求也更高，基础施工成本和难度也可能相应增加；11层住宅在施工设备的选择和使用上也较为灵活，可以减少大型塔式起重机等设备的使用时间和费用。

配套设施方面，依据《住宅设计规范》GB 50096—2011规定，十二层及十二层以上的住宅，每栋楼设置电梯不应少于两台，其中应设置一台可容纳担架的电梯，11层住宅对于消防疏散要求相对没有那么严苛，一般只需要配置一部电梯即可满足居民的日常使用需求，可以减少楼梯间数量和特殊消防设施的配置，进而降低成本。

运营维护方面，由于电梯等公共设施数量少，相应的安装、维护成本也会降低；11层住宅的供水供电系统相对简单，水压和电压要求相对较低，在供暖、制冷方面的热量损失和能源消耗也相对较少，有效节约了长期运营成本。

二、衡量成本投入，明确地下层数

一般情况下，新建住宅根据规范中的停车配比要求，建造地下室用于停车位，开挖地下室会带来建造成本的上升。在自主更新项目中，建造地下室层数与停车位数量息息相关，需要考虑以下几点：一是由于居民未变化，一般根据实际居民对停车位的需求配建，合理确定老旧小区的停车泊位配置规模，原则上不低于改造前的停车泊位供给规模，适当考虑未来停车需求，以此控制预算成本；二是停车位可通过出售、租赁等方式获得收益，平衡项目收支，车位实际收入＝车位数×周边车位成交价×折扣率；三是多余的停车位可以通过开放成为城市公共停车位，这种居民自主改造而增加城市公共资源的形式，需要政府通过容积率奖励的方式予以支持。

1.建造地下室成本投入

建设成本方面，一是土方工程，地下室层数越多，土方开挖量越大，施工难度和费用也随之增加，尤其在软土地基区域，每增加一层地下室，土方开挖和支护的成本高昂。二是结构工程，地下室的结构成本随着层数的增加而大幅上升，更多层数的地下室往往需要更复杂的结构设计和更坚固的支撑体系，包括增加梁柱尺寸、加强地下室墙体等，建筑材料和施工费用也会相应增加，以钢筋混凝土结构为例，每增加一层地下室，结构成本可能会增加20%～30%。三是防水工程，地下室的防水要求较高，层数越多，防水面积越大，防水处理的难度和成本也越高，一层地下室的防水工程相对简单，成本更容易控制。

运营成本方面，住宅小区地下室需要良好的通风和照明系统以保证居民长期使用的安全性和舒适度，地下室层数越多，通风和照明设备的数量和功率需求越大，需要消耗更多能源来维持系统的正常运转；此外，多层地下室定期结构安全检查、排水系统清理、设备设施维护等日常运维工作也更加繁重，长期运营成本也会随之增加。

2. 建造地下室工期影响

影响地下室工期的潜在因素主要有渣土外运、夜间施工对于周围社区的影响等，具体而言主要分为以下情况。

一是运输通道及道路的畅通性。 自主更新项目能否确保施工出入口满足2个，由于项目多位于老城区内，运输重车、混凝土搅拌车通行困难，主要城区也有限行时段要求，夜间施工又会产生噪声扰民而被投诉，多重因素叠加会大大影响材料运输机施工效率，应在项目初期结合实际情况考虑到位，建议采用钢结构，绿色环保；同时，减少混凝土浇筑，也能很好地规避施工噪声的问题。

二是距离较近的既有建筑的保护问题。 老城区内周边毗邻建筑繁多，基础形式较多，如开挖地下室应加以对周边既有建筑的保护，基坑尽量采用微扰动，降低对周边建筑的影响，以免造成周边建筑的开裂、沉降等损坏而耽误工期。

三是对地下管线及地下情况的排查。 老城区内地下环境情况复杂，应提前调档图纸及进行实地物探，以免开挖、打桩过程中遇到地下障碍物而耽误工期，同时地铁、高架等重要公共交通设施也必须提前进行情况排查，因涉及相关安全保护，建造的成本会大幅增加而影响前期开发，施工过程中应对检测数据进行严格管控，避免造成超控后的停工论证。

一般而言，平地后开始计算，从无地下室到一层地下室，将增加工期90天，从一层地下室到二层地下室，将增加工期60天，见表5-17。

地下室建设及工期要求   表5-17

地下室建设情形	关键节点工期计算	共计天数
无地下室	方案批复（60天）→施工许可证（150天）→桩基及基础（180天）→结顶（150天）→装饰装修（180天）→市政管综及景观（150天）→竣备交付（90天）	960天
一层地下室	方案批复（60天）→施工许可证（150天）→地下室完工（270天）→结顶（150天）→装饰装修（180天）→市政管综及景观（150天）→竣备交付（90天）	1050天
二层地下室	方案批复（60天）→施工许可证（150天）→地下室完工（330天）→结顶（150天）→装饰装修（180天）→市政管综及景观（150天）→竣备交付（90天）	1110天

3. 建造一层地下室较为适用

结合成本投入和工期建设的影响，一般而言，自主更新住宅小区建造一层地下室相对经济。一是从市场需求与价值回报方面来看，对于大部分住宅项目来说，一层地下室通常能够满足居民的基本停车和储藏需求，虽然地下室可以增加房屋的使用面积和附加值，但增加的价值并不一定能与地下室层数成正比；二是从居民实际受益情况来看，多层地下室可能不会显著提高房屋的市场竞争力，居民无法通过投入而获得房屋增值的有效补偿。

三、结合条件规模，选用装配式建筑

1. 装配式建筑的优势

近年来，装配式建筑因建设工期短、劳动力成本低、质量稳定、节能环保等突出优势广受推崇。装配式住宅的构件在工厂预制，现场安装，大大缩短了建设工期，可以大幅降低居民过渡安置成本、项目的管理费用、财务成本以及因工期延误可能带来的风险。相比传统施工方式，装配式施工减少了现场的大量湿作业，对劳动力的需求和依赖程度降低，能够节省20%～30%的劳动力成本。工厂化生产的构配件精度高，尺寸偏差可以控制在毫米级别，在提高劳动效率的同时保证建筑的整体质量，也有利于降低住宅后期维护和检修的费用。

2. 装配式建筑应用限制因素

在住宅项目的实际运用中，应充分考虑装配式建筑前期投入成本、运输成本、设计限制、施工场地、塔式起重机数量、工人安装熟练度、中间板带浇筑等诸多限制因素。具体而言，装配式建筑构配件开模成本高，小规模项目可能难以承受这部分前期投入，而且预制构件通常体积大、重量大，需要专门的运输设备和运输线路，运输成本也会随着运输距离的增加而上升，项目区位与预制生产工厂的距离也是采用装配式建筑需要考虑的因素之一。此外，装配式住宅的设计标准化程度相对较高，对于一些可能需要独特的建筑外观和内部空间布局的住宅项目，装配式建造方式可能难以满足这些要求，在一定程度上限制了建筑的个性化设计。

3. 主流的装配式技术工期比较

按照现行标准要求，居住建筑装配率不低于50%才可确定为装配式建筑。但目前我国提高装配率的主要技术是楼梯预制混凝土梯段及预制混凝土楼板的应用，这类项目的进度反而较现浇形式每层慢1～2天。以25层高层的现浇混凝土结构为例，一般在150天左右结顶，采用预制混凝土构件的装配式建筑需要175～200天。

而另一种装配式技术为钢结构装配式建筑，其应用并不广泛，掌握相关施工技术的施工企业并不多，虽然在工期方面及绿色环保方面有较大优势，一般如单栋住宅塔式起重机配备到位，理论上只要周边环境允许、钢构件运输供应连续、堆场充足可24小时进行无噪声吊装施工，装配式建筑的进度优势能够充分体现。

如北京桦皮厂胡同8号楼改建项目采用了模块化的装配式建筑技术（MiC建筑），90%以上的建筑工序在工厂内完成，再将预制的模块运送至施工现场装嵌成完整建筑，现场工作量大幅度降低，相比其他2年及以上的老旧小区改造项目，建造工期减少75%，见表5-18。

主要装配式技术工期情况 表5-18

装配式技术	建造工期	较现浇技术工期变化情况
楼梯预制混凝土梯段及预制混凝土楼板 （以25层高层计算）	175～200天	工期增加25～50天
模块化集成建筑 （以胡同8号楼计算）	90天	缩短工期75%以上

因此，从我国装配式技术发展和实际应用而言，采用装配式技术对于建造工期提升较为有限，而能够节约建造工期的装配式建筑，由于生产工厂和施工单位较少，反而大幅度增加了建造成本。因此，针对自主更新项目，应充分考虑项目规模、区位条件等，通过成本测算适当选用装配式建筑。未来随着该技术在我国发展成熟和大规模应用，自主更新项目则可以优先选择装配式技术。

四、管控项目造价，匹配居民诉求

从住宅项目建设经验来看，小业主非常关注项目的质量管理和成本控制，以确保自己房屋的性价比和长期价值。以下是从质量、价格和成本等维度考虑的一些建议，希望帮助业主做出更明智的决策。

1. 质量管理方面影响因素

（1）**结构安全**。这是最基本也是最重要的考虑因素。要求查看开发商提供的建筑图纸和结构工程师的报告，让小业主了解使用的建筑材料和施工标准是否符合国家规范，聘请专业的结构工程师评估现有结构，并监督项目建造及实施检测措施：如房地产项目中使用的飞检、交付评估，并在项目建设过程中考虑相关费用。

（2）**建筑材料**。优质的材料不仅能保证房屋的耐久性，还能降低未来的维护成本。选择性价比高的材料，公开展示所用材料的品牌和规格，特别是防水材料、门窗、保温层等。使用高质量的建材，特别是在关键部位如屋顶、防水层等，让小业主能切身体会到虽然初期成本可能较高，但能显著降低长期维护成本和提高居住舒适度。成本方面做到成本适配、有的放矢。

（3）**施工工艺与展示样板**。施工工艺直接影响房屋的质量。检查样板间或已完成的部分，留意细节处理，如墙面平整度、接缝密封情况等，并邀请小业主共同参与，让小业主见证项目建造的全过程，例如举行工地开放日等活动。

（4）**外墙装饰及园林景观**。关注外墙材料的耐候性和美观度，以及其对整体能耗的影响。现代的外墙系统应具有良好的保温隔热性能，减少能源消耗。

（5）**绿色建筑元素**。了解项目是否有绿色建筑认证，如LEED、BREEAM等，这些认证通常意味着更高的能效和环保标准。

2．成本控制方面影响因素

（1）**预算透明度**。提供详细的费用清单，包括前期费、工程成本、管理费、税金等每一项费用的具体构成。让小业主知道钱花在什么地方，有更好的知情权。

（2）**信息公开透明**。向小业主提供费用明细，告知其是否还有额外的费用，如物业费、维修基金、车位费等，并公布这些费用的标准和支付方式。

（3）**成本效益分析数据参考**。组织提供比较不同项目的价格与所提供的设施、位置、质量等因素，评估性价比。

（4）**长期维护成本**。考虑房屋的维护和运营成本，如高能效设备虽然初期投入较高，但长期节省的能源费用可能更多。

（5）**财务规划**。关注项目整体现金流，确保项目建造过程中资金投入正常，避免过度负债。考虑利率变动对还款计划的影响。

3．匹配不同的配置标准

在自主更新项目运作过程中，应要求实施主体定期向居民主体汇报工程进展和成本管控情况，如果条件允许，可以考虑聘请独立的建筑顾问或律师提供第三方咨询服务，以专业视角提供风险分析和建议。

实施主体则可以根据居民对于小区品质诉求和投资情况，匹配不同预算下的项目设计方案，具体分为最低准入型项目和参照商品房建造的高品质项目，见表5-19、表5-20。

一般而言，最低准入型配置则是在投入成本有限，满足规划要求、安全性原则下建造的新建住宅，其居住品质和市场上房地产开发的新建住宅有一定的差距，主要体现在较为直观的外墙材料、公共部门装修标准、配套设施标准、景观绿化等；高品质型配置则是参照目前市面上的商品房建造设计标准而配置的，适用于居民经济情况许可，投入上有较大弹性空间的情形，同时其对于居民获得感的影响较为明显。因此在选择项目方案设计时，应该在预算范围内，满足基本居住要求下，优先选择能够改善居住品质的配置。

项目配置要求和造价控制   表5-19

配置标准	具体配置要求	建安工程量费以及建设工程其他费用价格区间（元/m²）
基础配置	地下1层、地上8～19层、预制率占比20%的住宅（含公共区域普通精装标准）	4000～4300
高品质配置	有直观感受的高品质的架空层、标准层、电梯厅、首层门厅、室外景观绿化、外立面（阳台、幕墙、外墙涂料）	4500～5000

注：建安工程量费以及建设工程其他费指除建设期利息和征地拆迁成本之外的所有费用。

高品质控制要求   表5-20

高品质建设标准	价格控制（元/m²）
景观绿化建设标准 （含铺装、景亭、廊架、路灯、健身器材等内容）	不低于65（以室外占地面积算）
首层门厅装修标准	不低于1500（以门厅使用面积算）
标准层及地下室门厅装修标准	不低于1000 （以电梯厅使用面积算）

五、坚持目标导向，引导居民监督

居民自主更新委员会有权利对自主更新项目进行建设全过程监督管理，管理周期应从项目前期准备阶段至项目交付，对于项目前期阶段应履行拆迁协商、拆迁动员、定户议价、报批报建、设计管控、成本监管、招标采购等管理职责，工程实施阶段应驻场监督自主更新项目的工程质量、进度、成本、安全等方面，进行现场监督管理并做好资料收集，后期应针对交付做好一房一验、交付动员、最终交付、产证办理等管理工作，考虑到自主更新委员会成员相对缺乏专业的建设项目开发经验，自主更新委员会可根据实际能力招标相关品牌项目建设代理人单位作为专业咨询单位代为实施管理。

1. 建立项目管理目标

组织应识别项目需求和项目范围，根据自身项目管理能力、相关方约定及项目目标之间的内在联系，确定项目管理目标。建立项目的管理目标总体应遵循策划、实施、检查、处置（PDCA）的动态管理原理，确定项目管理流程，建立项目管理制度，实施项目系统管理，持续改进管理绩效，提高相关方满意水平，确保实现项目管理目标。目标的建立时机应在项目启动会时进行明确。

预期来看，自主更新项目在成本目标、计划目标的达成上会有较多不可控因素产生，而到实施阶段的质量目标达成相对可控。成本目标主要在建安成本的均摊上，受制于规划条件及地下室车位等不确定因素，需要具体情况具体分析；计划目标则是在前期阶段，无论是拆迁动员、特殊对象的意见统一，还是审批流程，都是新的探索和挑战。

就常规开发项目而言，评价项目成功有很多维度：从财务角度来看，相关指标包括利润率、内部收益率、回款和现金流回正时间等；从产品角度来看，相关指标有客户满意度、一次性交付成功率和户均缺陷数；从进度的角度来看，计划节点达成率和及时供货率等指标较为关键。总结来说，一般住宅项目管理目标及评价指标见表5-21。

一般住宅项目管理目标及评价指标表　　　　　表5-21

目标	分项指标
E（经济性目标）	利润、现金流、IRR
	回款
P（计划目标）	计划节点达成率
Q（质量目标）	客户满意度
	一次性交付成功率
	户均缺陷数
	实测实量合格率
C（成本目标）	变更签证率
	目标成本偏差率
	管理费率
	营销费率
	财务费率
R（风险控制目标）	质量及安全事故发生率
T（团队目标）	人才输出及知识分享

项目建设管理需要多专业及组织的协同管理，组织可分为内外部，项目目标不仅内部各专业相关方需要明晰，同样外部相关方也一样，内部组织按品牌项目建设代理人单位内部架构来看可理解为专业条线下的项目管理（Project Management，PM），外部相关方则是指项目外部供应商和合作开发伙伴等，如总包、监理、设计单位、造价咨询，外部单位的配合度及服务品质直接影响项目

目标的实现，当然政府相关部门也是非常重要的相关方，与政府保持良好沟通、赢得信任和支持也至关重要，见表5-22。

项目目标分解及责任单位矩阵 表5-22

目标	项目管理（PM）						供应商					
	设计	工程	成本	营销	财务	客服	总包	监理	检测单位	设计院	造价咨询	营销代理
进度节点	√	√	√	√	√	√	√	√	√	√	√	√
产品质量	√	√					√	√	√	√		
客户满意	√	√					√	√				√
目标成本	√		√		√						√	√
安全文明		√					√	√				

2. 明确项目管理标准

自主更新项目管理应遵照《建设工程项目管理规范》GB/T 50326—2017中载明的标准执行，应针对具体项目进行相应分析，做好对应的策划，建立标准的维度，主要包含以下几个方面，见表5-23。

一般住宅项目管理维度指标表 表5-23

管理维度	管理标准
项目范围	为实现项目目标，对项目的工作内容进行控制，包括范围的界定、范围的规划、范围的调整等标准
进度控制	包括具体活动界定、活动排序、时间估计、进度安排及时间控制等各项工作标准，以确保项目最终按时完成
成本控制	包括资源的配置，成本、费用的预算以及费用的控制等工作，以保证项目实际成本、费用不超过预算成本、费用
质量管理	包括质量规划、质量控制和质量保证等，以确保项目达到预期质量要求。一般质量管理与国家有关质量管理法律法规和标准要求相一致
人力组织	包括组织的规划、团队的建设、人员的选聘和项目的班子建设等一系列工作标准，以保证所有项目关系人的能力和积极性都得到最有效地发挥和利用
项目沟通	确保项目信息的合理收集和传输所需要实施的一系列措施，包括沟通规划、信息传输和进度报告等，根据这些沟通的需要制定相应标准以保证项目的顺利进行
风险管理	项目风险管理涉及项目可能遇到的各种不确定因素，包括风险识别、风险量化、制订对策和风险控制等
采购管理	采购管理是为了从项目实施组织之外获得所需资源或服务所采取的一系列管理措施，包括采购计划、采购与征购、资源的选择以及合同的管理等项目工作标准

管理维度	管理标准
运营管理	指为确保项目各项工作能够有机地协调和配合所展开的综合性和全局性的项目管理工作和过程，包括项目集成计划的制定、项目集成计划的实施、项目变动的总体控制等
绿色建筑	在"双碳"背景下，相关住宅建筑目前也需要满足《绿色建筑评价标准》GB/T 50378—2019、《建筑节能条例》和《建筑碳排放计算标准》GB/T 51366—2019等规范要求，浙江省也出台了对使用住房公积金贷款购买二星级以上绿色建筑的，贷款额度最高可上浮20%等相关的政策扶持

第六节　实施自主更新小区可持续运营机制

一、推动可持续运营前置

　　自主更新不仅仅是硬件升级，更要在运营管理上下功夫。只有在可持续运营的情况下，才能更好地提升整体品质，保障居民的持久美好生活。可持续运营作为自主更新项目的重要环节，是在回应社区居民需求和期待的基础上，以商业化运作和精细化管理组织为手段建立起来的房屋质量维护、商业长效经营、公共收益充盈、人和人互动关系良好的保障体系，实现小区可持续发展。

1. 可持续运营前置的内容

　　运营前置是指在老旧小区自主更新过程中，从策划、规划、设计阶段开始，就将运营管理纳入其中，让自主更新的每个环节都与运营紧密相连。要实现运营前置，需要考虑以下几个方面：

　　一是加强策划、规划、设计阶段的运营前置意识。在自主更新的规划、设计阶段，相关人员需要具备运营前置的意识，将运营管理纳入考虑范围。例如，在策划规划阶段，可以考虑到未来的业态布局、人流导向等因素；在设计阶段，可以考虑到建筑的使用功能、空间的舒适度和未来的可塑性等。

　　二是引入专业的咨询、运营团队。要实现运营前置，需要专业团队支持。应根据自主更新项目的规模和运营业态的规模及其他情况，组建或引入咨询、运营团队。

　　三是引入先进的运营理念和技术。要提高自主更新的运营效率和质量，需要引入先进的运营理念和技术。例如，在整体规划营造上，可以引入"O＋EPC运营前置＋规划设计、建设、运营"一体化的模式，运营从规划设计阶段就全程参与；可结合未来社区和完整社区建设标准，联动社区力量打造新型的自主更新项目；导入智能化硬件和智能化的物业管理平台，实现精细化管理和精准化服务；导入绿色建筑体系，从而实现节能降耗。

2. 可持续运营前置的意义

老旧小区自主更新项目不仅是对建筑空间的重塑，更需要打通运营政策、物业服务、房屋维保、资源配套、经营环境等多个环节。为保障项目的可持续运营，还需要有效提供公共产品和公共服务，实现小区物质财富的增加、精神内涵的提升及综合竞争力的提高。

一方面，自主更新小区通过"有偿+无偿"结合的方式提供可持续的公共服务；另一方面，通过资源挖潜最大限度盘活存量指标，增加增量指标，实现资源配置最优化和效益最大化，从而推动自我滚动、自我积累、自我增值，塑造自主更新核心IP，将自主更新变成持续运营的支持力量，实现可持续运营和高质量发展。

为保障实现后期运营的有效性和可持续性，自主更新项目应鼓励咨询单位、运营主体提前介入，策划功能业态组成，引导规划方案设计，并关注建设实施全过程，为后续运营和持续焕发活力创造可能性，从"面向建设"转为"面向运营"。

通过运营前置，可以有效地提高自主更新的可持续性。运营前置有以下几个优势：

一是有利于提高自主更新的整体品质。通过将运营管理纳入自主更新全过程中，可以有效提高城市更新的整体品质。例如，在建筑设计阶段，可以考虑到未来的使用需求和功能布局等因素，以需求为导向，让建筑更加实用、舒适和人性化。

二是有利于降低后期公共能耗。运营前置还可以让自主更新的小区在建筑设计中，引入环保、节能等理念和先进技术，采用绿色建筑设计和建筑材料，降低公共能耗，提高建筑寿命，并为运营管理奠定良好的基础。

三是有利于降低后期运营成本。通过在策划、规划、设计阶段就考虑到后期的运营管理，可以有效降低后期的运营成本。例如，如果建筑设计阶段没有考虑到空间的舒适度和未来的可塑性，后期可能需要花费大量资金进行改造和维护。

四是有利于增加招商的成功率。自主更新项目在规划前期，就可引入专业运营团队和咨询团队，前置服务运营规划，并可积极锁定商家，从而形成完整的服务体系闭环，避免项目交付后难以招商、空间场景面积不符、场景人为割裂、服务需求不匹配、商业规划逻辑无法形成完整供应链体系，导致难以运营等情况。

五是有利于提高运营的可持续性。前置规划可保障未来空间合理性，前置运营规则的制定可保障后续运营的顺利有效性，前置智能化管理硬件和系统可保障小区的高效管理，前置运营招商可保障运营的可持续性。

3. 运营方案与项目设计方案的衔接

在自主更新项目中，项目设计建设和运营相辅相成，缺一不可。在实际操作中，由于各种原因，项目设计建设和运营之间存在鸿沟，可能导致无法可持续运营。因此需要提前确定运营咨询单位，保障从一开始就能顺利进行。而运营方案与项目设计方案的衔接是可持续运营前置的重要环节之一。

（1）两者衔接的要求

主要目标：通过有效衔接项目设计建设与运营两个过程，并更有效地支撑后续的可持续运营，使项目能够更加顺利地进行下去，达到事半功倍的效果：确保项目品质、降低成本、提高效率、降低风险。

核心环节：包括确定整体规划定位、明确各自的职责、调研核心运营需求、确定运营核心内容、锁定意向运营单位、制定信息交流原则和机制、建立信息共享系统、规范合同管理、组建协调小组等。

核心内容：针对社区侧，存在社区基层治理的需求；针对居民侧，存在个人利益与集体利益的保障需求；针对商户侧，存在收入有保障的需求；针对物业侧，存在管理成本与物业费收支平衡的需求；针对运营侧，存在盈利可持续的需求。

因此，以政府、居民和企业的需求导向为前提，以全域治理、长效运营、多经服务的运营导向为核心，规划场景设计，出具空间解决方案、服务解决方案及标准化或定制化的运营方案，实现产品价值增长，服务成本降低的目标。

（2）两者衔接的举措

一是整体规划统筹化。运营规划前置，在项目规划设计阶段，即将运营定位与建设定位融合，根据项目定位、前期居民需求调研，针对性地优先前置规划项目运营定位和运营场地，保障后续场景活跃度。将规划设计与实际运营单位需求匹配，避免空间与服务需求不匹配、项目难以运营等。

二是运营空间明确化。在小区更新过程中，应提前明确社区运营空间，它关系到社区的长期发展、居民的生活质量以及社区服务的有效性。通过前瞻性的规划，可以确保社区的顺畅运营，为居民创造一个更加舒适、便利、和谐的生活环境。不仅可确保功能合理规划，提高居民参与度，更能优化资源配置，提前吸引社会投资，保障可持续运营。运营空间可分为四大类，即生活场景空间、城市公共空间、配套场景空间、公共服务空间，具体见表5-24。

运营空间分类 表5-24

空间类型	运营要点
生活场景空间	生活场景空间是社区生活的容器，是满足广大居民日常生活需求的空间承载，包括完整的基础设施、全龄化的活动空间以及智慧化管理空间等；也是建立多元化、共享共建场景营造的完整社区生活场景空间系统，包括社区入口、社区花园、宅前屋后、社区会客厅等。自主更新小区要建设充足的公共活动空间，提供多样的活动设施和良好的景观环境，满足社区居民日常活动需求
城市公共空间	城市公共空间是指跳出常规的社区组团范围，在以完整社区为指引的基础单元区域范围内，将社区融入城市发展，聚焦城市居民进行公共交往的开放型场景，包括城市慢行系统、城市色彩、城市小微绿地等
配套场景空间	配套场景空间是指面向社区居民的使用，不需要专业的运营服务人员长时间在现场服务并且能够产生付费行为的场景，包括地面停车、立体停车、开敞式非机动车棚、配套设备（水站、打印机等）及商业空间（包括社区食堂、菜场、快递驿站和小型超市等单一功能场景，社区商业综合体和社区商业街等综合功能场景）等。 以停车位为例，在符合自主更新相应指标审批的基础上，地面停车位的布局应便于居民停车，尽量减少停车距离和时间，提高停车效率。地面停车位的投资和运营成本应合理，既要满足居民的停车需求，也要控制成本。 以物业经营性用房为例，物业经营性用房为运营的主要场所之一。在审批通过的情况下，应预留尽量多的经营性用房用于运营和增收。物业管理用房应当与新建物业同步设计、同步施工、同步交付
公共服务空间	公共服务空间是指专门为居民提供公共服务的区域，这些空间设计用于满足居民的各种社会、文化、教育和生活需求，包括社区医疗、社区托育、社区养老和社区综合服务等内容

三是制度规则规范化。为保障后期可持续运营，在运营前置方案中需要设置以下几大制度规则：《住宅专项维修资金使用实施细则》《物业经营性收益使用规程》、符合本小区规定的物业服务标准和奖惩措施、经营性用房的招商引资鼓励规则。

四是招商提前锁定。基于居民需求及场地空间，前置空间的招商运营，在前置运营方案中，需要引入咨询单位，提前锁定运营单位，按服务功能需求设计场景空间，并可在建设完成后快速投入运营，保障经济效益。

五是产权融合前置。基于运营场景需求，前置规划空间产权梳理、地址分割、消防验收改造咨询等，并积极推进产权融合。

六是运营测算精细化。可持续运营的关键是经济平衡。前期的运营资金精细化测算是项目成功的关键，它不仅关系到项目的财务健康，也影响到项目的可持续发展和社会责任的履行。通过精确测算，项目团队可以更好地规划、管理和执行项目建设，确保项目按期按质完成，实现预期的社会和经济效益。通过精细化的运营测算，精准把控运营收益率，并适时制定合适的推动可持续运营制度。运营测算模板见表5-25。

运营测算模板 表5-25

单项造价指标	金额（万元）	面积（m²）	单价[元/(月·m²)]	年份					备注
				第一年	第二年	第三年	……	小计	
				实际收入按X%计	实际收入按X%计	实际收入按X%计	实际收入按X%计		
收入									
房屋出租收入									
物业运营收入									
场景运营收入									
广告等其他经营性收入									
其他收入									
支出									
室外附属									
物业运营成本									
场景运营成本									
招商补贴成本									
其他支出									
税费									
资金盈余/缺口									
资金累计平衡									

二、明确可持续运营方案

小区物业管理关系到物业资源的保护、利用和增值，物业所有者和使用者的收益和满意度，以及社会秩序和公共安全。对于自主更新完成后的小区，首先鼓励引入专业化的物业管理和服务，并根据原小区的实际情况导入不同的模式，是长效可持续运营的关键。

1. 可持续运营的难点

居住小区可持续运营在推进过程中，可能会面临空间难匹配、规划不合理、规则制度缺失、招商困难、经营收益缺失、运营不可持续等问题和挑战。

（1）空间匹配度

当前，符合自主更新的小区多属于老旧小区，年代久远，人口密集，基础设施薄弱，停车、养老、抚幼等配套功能尚不完善。这些老旧小区本身运营和服务缺口较大，但可供拆改新建的空间稀少，且受既有住宅日照条件、规划审批手续等限制，若按照小区原空间进行配比，资源增容的难度较大，存在土地用途变更、产权协调等政策路径障碍。

若老旧小区自主更新项目按照原配套比例原拆原建，将出现较大的需求空间方面的缺失，需要增配公共服务设施和经营性用房，以解决配套空间不足的问题。

（2）规划科学性

老旧小区自主更新项目如果获得政策支持可以解决空间增配的问题，但在空间营造方面仍面临着功能业态规划不符需求、空间排布不科学、设计策划不合理等问题。

一方面，在整体业态规划上缺乏科学指导，规划单一，未按照小区业主和周边配套情况、城市发展需求等进行统一规划，服务需求不匹配、商业规划逻辑无法形成完整供应链体系，从而影响后期招商以及长效运营。另一方面，建设过程中对每个场景预留的空间不符合后期设计需求和实际运营真正所需的空间排布，空间场景面积不符，场景人为割裂。不少建设项目一味追求设施硬件的打造，忽视了后续商业可持续化运营的切实需要，造成资源的错配和浪费。此外，自主更新项目还存在前期产权约定不到位等现实问题，加大了设施移交和后期运维管理的统筹协调难度。这些问题都需要运营团队同规划设计团队、前期团队前置沟通和链接。

（3）规则全面性

可持续运营不仅要在硬件上进行保障，而且要让后续的运营动作有法可依。这些规则包括维修基金收取和使用方法、经营性分配方案、经营性收入使用规则、产权约定、招商优惠鼓励规则、物业在运营管理方面的奖惩措施等，从而保障房屋质量维护、商业长效经营、公共收益充盈、人和人互动关系良好等体系可持续推动。若前期约定不清晰，后期可能因房屋无人维护、运营无人管理、经营分配不明确等问题形成冲突。

（4）招商困难度

自主更新小区运营主要分为房屋质量维护、公共文化生活持续、小区经营性收益增长等几大方面。其中小区经营性收益增长则是维持自主更新小区的关键。

小区经营性收入分别来源于停车费、经营性用房、经营场所广告等，新增底商商铺如产权属于集体则可成为经营性收益的补充。如果没有及早考虑招商并前期锁定商家，可能会出现招商困难的情况。

（5）经营盈利性

许多社区底商目前还处于粗放运营阶段，由于客户消费不足或经营不善，运营艰难或大批倒闭等现象比比皆是。电梯广告、道闸广告等广告性收益因受到整体经济的影响，以及行业竞争、广告有效性影响力降低等，整体的广告性收益的单价也出现了大幅度降低的情况。

经营性收益是小区可持续运营最核心的载体和来源，而经营性用房作为小区经营性收入的主要部分，既需要保障一定的面积，也需要专业的运营团队和招商团队支撑，寻找好的广告载体和客户来源，避免无经营收益或收益性极小的情况出现。

（6）运营持续性

在公共配套服务提供方面，需要通过政府补贴或包含到物业费/增值服务费中，才能保障其持续性。在经营性用房的商业运营方面，许多商业无法突破限制持续有效开展。

因此，首先要保障小区商家可持续经营的能力，提升停车位收益，加强整体小区品牌氛围，增加互动性区域，增强商家联动机制，必要时增加智能化应用等帮助筑牢商家持续经营的动力，从而有效保障自主更新小区的长效运营。

2. 自主更新小区可持续运营收入

为保障自主更新项目可持续运营，需重点加大经营性收入来源。经营性收入来源除公共空间的广告性收入外，物业经营性用房的租金收入将成为主要来源。因小区物业配套用房中，小区公共空间可产生效益的空间主要为物业经营性用房；其他公共空间暂无法进行经营：其中物业管理用房主要用于物业管理，社区配套用房主要用于社区服务，无法收取租金，无法产生收益。

因此，在自主更新项目中，加大经营性用房的面积，将扩大经营性收入的来源，从而减少或覆盖业主需支付的物业费和维修基金，保障自主更新项目可持续运营。

（1）方案一：物业费收益全覆盖

① 不同影响因素下的经营性用房面积变化

对于物业经营用房的面积，根据相关政策，经营用房面积不少于物业管理区域内实测地上物业总建筑面积的4‰。如需完全实现物业费全覆盖，经营性用房年租金收入≥小区年物业费，综合考虑下述四大因素，需要增加30%～50%的经营性用房面积，见表5-26。

不同影响因素下经营性用房面积变化　　　　表5-26

影响因素	所需经营性用房面积变化
物业经营用房的物业管理费	物业经营性用房物业管理费＝物业经营性用房物业管理费单价［元/（m²·月）］（注：一般与商业物业管理费持平）×物业经营性用房物业可收费面积×12。经营性用房空间建议可增加5%
市场波动可能导致的出租率下降	需考虑因市场波动、疫情等原因造成的经营性用房的空置情况，从而减少相应的租金收益，经营性用房空间建议可增加5%，作为抗风险补充
补充维修基金	后续补充维修基金用于公共设施设备的维护维修，经营性用房空间建议可增加5%（注：《住房共用部位共用设施设备维修基金管理办法》第五条规定，商品住房在销售时，购房者与售房单位应当签订有关维修基金缴纳约定。购房者应当按每平方米房屋销售成本价格2%～3%的比例向售房单位缴纳维修基金。）
经营性收益物业公司管理分成部分（运营招商管理费）	经营性收益一般需与物业公司进行分成，用于物业公司协助出租和管理。该部分由后期洽谈来确定，收益分成可谈至10%～30%[1]

② 经营性用房预留面积测算公式

业主的年物业费支出＝住宅物业管理费单价［元/（m²·月）］×住宅物业可收费面积×12＋商业物业管理费单价［元/（m²·月）］×商业物业可收费面积×12＋地下车位物业管理费单价［元/（m²·个）］×地下车位可收费个数×12。

经营性用房租金年收入＝经营性用房的面积×日租金单价［元/（m²·日）］×30×12×周边平均出租率。

如需完全实现物业费全覆盖，经营性用房年租金收入≥业主的年物业费。同时增加30%～50%，以用于补充其他费用。

因此，经营性用房的面积需≥（1＋30%～50%）×业主的年物业费/（日租金单价×30×12×平均出租率）。具体测算案例如下。

经营性用房预留面积测算案例

以某小区为例，总建筑面积13万m²，地上建筑面积8.5万m²，住宅可收费面积为7.5万m²，周边住宅物业管理费单价为2.5元/（m²·月）；商业可收费面积5000m²，周边商业物业管理费单价3元/（m²·月）；周边地下车位1000个，地下车位物业管理费单价60元/（m²·个）。周边商铺租金约1.5元/（m²·日），平均出租率60%。按照杭州政策规定，经营用房面积不少于物业管理区域内实测地上业总建筑面积的4‰，该项目经营用房面积不少于340m²。

---

[1] 经营性用房招商模式有三种：由业委会自主招商、由物业公司招商（需给予分成）、由运营招商单位（需给予招商管理费）招商。

业主的年物业费支出＝75000×2.5×12＋5000×3×12＋1000×60×12＝2625000元

如需完全实现物业费全覆盖，经营性用房的面积≥2625000元（业主的年物业费支出）/（日租金单价1.5×30×12×60%）＝8101m^2。

考虑其他因素，需增加30%的情况，可预留经营性用房面积为8101×（1＋30%～50%）＝10531.3～12151.5m^2。

该方案的优势是理论上可完全覆盖物业费，但如测算出的经营性用房面积远超常规经营性用房面积和商铺面积，且占总建筑面积比例太高，则可能影响实现效果。一方面出租率会受到一定影响，在此情况下，需导入专业运营单位进行统一运营，保障其可持续运营；另一方面将影响住宅面积配额及其他面积。

（2）方案二：经营性收益覆盖部分物业费和维修基金

考虑到市场情况和相关政策落地实际情况，由经营性收益完全覆盖物业费的方案实现可能存在难度。更多的自主更新项目，可考虑加大较为合理经营性用房面积，以增加经营性收入，从而覆盖部分物业费，并补充维修基金。

其预留比例可根据项目实际情况进行调整。建议其预留面积可以方案一的20%～30%作为补充。以方案一的案例为例，经营性用房的面积最少可≥10531.3×20%＝2106.26m^2。多的可≥12151.5×30%＝3545.39m^2。

三、建立多方共治体系

自主更新小区应积极搭建由街道、社区、业委会（物管会）、物业服务人等多方参与的"多位一体"小区治理格局和架构，明确各方具体职责，统筹推进老旧小区改造中的物业管理工作。

1. 自主更新小区的物业管理模式

（1）**市场化物业管理模式**。自主更新小区鼓励首选建立委托专业物业服务的管理方式。物业服务单位应在交付前3～6个月进驻小区提供服务，完成前期物业服务。街道（乡镇）、（原）产权单位及业委会（物管会）配合物业服务单位做好进驻工作，物业服务单位进驻后应全程参与改造工作。

（2）**业主自行服务模式**。业主自我服务意愿较强且有良好管理能力的小区，可采取业主自行管理方式。业委会（物管会）应完善业主自行管理机制，扮演好"财务总管"角色，统筹服务人员。

（3）**街道和社区应急服务模式**。暂不具备引入市场化物业管理条件，以及暂不具备单位自管和业主自行管理能力的老旧小区，可由街道、社区依据《中华人民共和国民法典》和当地物业管理条例相关规定，参照应急物业服务的方式，委托应急服务人为小区服务。

2. 自主更新小区的物业管理标准

为促进自主更新物业管理服务健康发展，维护自主更新小区业主、物业使用人和物业服务企业的合法权益，进一步规范物业服务收费行为，应根据《中华人民共和国民法典》、《物业管理条例》和《物业服务收费管理办法》等法律、法规和规定，结合本地区物业服务等级和收费标准，对自主更新小区服务标准和费用进行规定。主要考量因素包括：

（1）物业服务收费按不同物业的性质和特点，实行政府指导价和市场调节价。

（2）明确约定服务合同的物业服务内容、服务标准、收费标准、收费方式及收费起始时间、合同终止情形、违约责任等内容。实行政府指导价的物业服务收费标准不得突破当地发展改革局和住建局制定的基准价格及其浮动幅度和相关物业服务收费标准，具体收费标准由业主和物业服务企业在物业服务合同中约定，报当地发展改革局和住建局备案。

（3）住宅小区停车服务收费实行市场调节价。对进入物业服务区域内进行军警应急处治、实施救助救护、市政工程抢修等执行公务的车辆，为业主、物业使用人配送、维修、安装等服务的临时停放车辆，物业服务企业不得收取任何费用。

（4）小区公共性物业服务按照当地标准进行分级收费。

（5）公共能耗费按照当地标准实行按时分摊或包含进物业费。

（6）需要由物业企业进行供水二次加压的，费用按建筑面积计算。

（7）装修保证金（押金）、装修管理服务费、装修电梯使用费、装修垃圾和渣土清运费等在合同内进行约定。

（8）物业服务收费应按规定实行明码标价。物业服务企业应当在物业服务区域内的显著位置，将物业服务内容、服务等级标准、收费项目、收费标准、收费依据、价格举报电话、物业服务投诉电话等进行公示。

（9）服务标准参照当地规定的服务标准。

为更好满足业主需求，自主更新小区可根据鼓励物业服务人针对业主生活服务需求导入物业增值服务，既提供业主委托的公共性物业服务合同以外服务的特约服务，也可提供市场化服务名录供业主自行选定，实行市场调节价（参照政策《住房和城乡建设部等部门关于推动物业服务企业加快发展线上线下生活服务的意见》(建房〔2020〕99号))。

3. 导入智慧平台,引导居民参与

自主更新项目应积极导入物业管理服务平台,推进智慧社区建设、提升物业管理智能化水平。建设中应鼓励运用互联网、大数据、人工智能等技术,建立智能化的物业管理服务平台,在公共服务、商业服务设备管理、安防管理等方面为居民提供高效、便捷的服务内容,推动物业服务企业发展线上线下社区服务业,实现数字化、智能化、精细化管理和服务〔参照政策《住房和城乡建设部等部门关于推动物业服务企业加快发展线上线下生活服务的意见》(建房〔2020〕99号)。

自主更新小区可延续建设过程中居民全民参与的传统,建立小区业主共建体系。通过开展美好环境与幸福生活共同缔造等活动,组织并引导居民共同参与私搭乱建等违法违规行为整治、环境提升、生活垃圾分类、制度优化等社区管理工作当中。

以改善群众身边、房前屋后人居环境的实事、小事为切入点,搭建居民沟通议事平台,发动和组织群众,激发居民参与小区建设的热情,探索决策共谋、发展共建、建设共管、效果共评、成果共享的工作路径。

四、建立社区文化体系

社区文化是社区居民在长期实践过程中逐步形成和发展起来的有一定特点的价值观念、生活方式、行为模式和群体意识等文化现象。文化认同在社区公共精神培育中扮演着重要角色。在文化认同培育实践中,中华优秀传统文化与社会主义核心价值观的有机结合可以有效引导居民统一思想、达成共识,有利于激发居民参与社区治理的热情。

1. 延续传承社区文化

自主更新项目原拆原建,一定程度上有利于社区文化的传承与发展。老旧小区往往承载着城市的历史和文化记忆,承载着居民们的深厚情感,是社区文化的重要载体。在自主更新过程中,应充分调研社区的原有建筑、空间格局、民风民俗和历史文化等,信息来源可以是历史文献、历史照片,也可以是实地走访收集专家和传统民俗继承人的观点等,并在改造中尽量保留和传承这类文化资源。通过原拆原建,可以在保留小区原有风貌的基础上,注入现代元素,使小区既具有历史韵味,又充满现代气息。这样的改造,不仅能够保留居民们的记忆,还能增进居民的认同感和归属感,进而更主动地关注和参与到社区文化的建设中来。

此外,应号召居民参与社区文化建设,群策群力挖掘社区共同文化,有助于

形成具有小区特色的设计方案，既能够提升居住环境，也能通过设计符号展现独具魅力的文化特色。良好的社区文化倡导的价值观和人生观，有助于引导自主更新小区居民形成健康积极的行为方式，也有益于小区长效管理。

2. 定期举办文化活动

社区文化活动是社区生活的重要组成部分，不仅为居民提供了展示自我和发展个人兴趣的平台，还有助于构建和谐、有活力的社区环境。因此，可以针对社区居民的文化需求、年龄层次等定期开展文艺活动、手工艺活动、节庆活动等形式多样的文化活动。音乐、舞蹈、太极等文艺活动，不仅能够丰富居民的精神生活，还能够激发居民的艺术创造力；居民自制手工艺品或美术作品，提供展示自我的平台；围绕传统节日或纪念日举办的庆祝活动，如元旦晚会、中秋节赏月等，这些活动有助于传承和弘扬传统文化，让居民共享文化发展红利，在相互交流和合作中增进理解，共同维护和谐、友好的社区生活。

3. 制定社区居民公约

自主更新小区可制定、发布社区居民公约，构建邻里积分体系，形成"我为人人，人人为我"的自我约束机制，实现小区"礼治"，营造富有特色的社区文化。

社区居民公约宜在业主委员会成立后，在社区党委的指导下由业委会具体组织开展起草并签订。邻里公约应与社会主义核心价值观、当地人文历史、社区特色文化主题相契合，涵盖小区生活的各个场景，如邻里相亲、邻里守望、邻里互尊、邻里同心、邻里同乐、邻里相容等。从而推动居民间的和谐友好交流，激活邻里关系，促成友好邻里场景的成功搭建。

邻里积分机制由社区服务中心牵头，社区公益组织会发布一些群体志愿活动，在填写服务时间、服务地址、选择指定人群、填写要求人数和每人服务时长等信息后，发布至社区搭建的线上和线下平台；居民也可以根据个人需求发布相关任务活动，并填写服务时间、服务内容、服务地址等信息。对应到不同的志愿服务内容和相应的时间，按一定比例折算成积分，该积分将在志愿者因客观原因需要被服务时，转换为提供相应积分的服务或物质。

第六章

结论与展望

城镇老旧小区改造作为城市更新的重要内容，是重要民生工程和发展工程。随着城镇老旧小区改造工作的持续深入推进，我国老旧小区居住环境得以改善，居民生活品质得以提高，然而目前的老旧小区改造模式依然难以从根本上解决建筑老化、公共空间与设施缺乏、停车位不足、消防达标难等问题。同时，部分城镇老旧小区中存在危旧房屋，通过实行"三不"原则的拆除重建、落架大修等更新模式难以有效改善居民居住条件；而地方政府此前采用的统一征迁模式也受限于当前征迁成本和政府财力状况，难以为继。可以发现，在存量更新时代背景下，上述改造模式已经难以彻底满足人民群众对美好生活的需求，新的更新模式亟待思考。

杭州、广州等地先行示范，探索以居民为主体推动城镇老旧（危旧）小区自主更新模式。这一模式对彻底改善居民居住环境、推动城市更新可持续发展具有深远影响，改变了过去由政府兜底的局面，真正形成了政府引导、居民出资、市场参与的多元化更新模式，既化解了政府的压力，解决了"拆不动"的难题，同时在坚持"房住不炒"的政策下，有利于充分发挥市场经济活力，扩大内需循环，对于推动老旧小区改造、危房解危、城市风貌延续、基础设施配套提升具有重要意义，进一步推动城市建设高质量发展和共同富裕现代化基本单元建设。

然而，如今的自主更新模式尚为初探。例如，征求和统一居民意见常受到产权、利益、政策的影响难以推进；由于资金需求量大、市场参与弱、政策监管不透明等限制，自主更新的资金仍面临居民承受能力的直接影响而难以筹措；在更新过程中，实施主体与代理人关系建立不规范、代理人实施内容与过程监管不全面等问题仍然存在；自主更新项目范围界定、审批流程仍未形成统一规范，住宅建设标准与扩面标准等规划指标控制与更新需求不匹配；既有土地性质与周边零星用地等法律规范也难以突破。

试点阶段，自主更新模式主要适用对象为城镇危旧房，但是城镇老旧小区终将面临到达使用年限或者成为危旧房的一天，在如此大规模的存量老旧住宅之下，城镇老旧小区改造的自主更新模式的持续推动，仍需政府统筹规划，积极引导广大人民群众强化主体意识，从"要我改"为"我要改"，营造社会各界支持、群众积极参与的浓厚氛围。为此，应当明确政府引导居民主体的实施机制，建立居民自主更新的项目生成机制、资金筹措机制、项目全过程管理机制、小区可持续运营机制，并规范优化现有的自主更新审批流程、建立存量时代下自主更新法规体系。长此以往，老旧小区自主更新将能成为城市更新更完善、更成熟、可复制的全新模式。

本书仍存在一些不足之处：一是国内外对城镇老旧小区自主更新模式的研究

与实践仍然较少，且由于国情不同，想要从国外现有基础上探寻出符合中国模式的自主更新之路仍有困难；二是目前我国自主更新模式面临的历史遗留问题较多，每个项目面临的具体情况有所差异，本书只对典型问题进行梳理分析，仍有较多细节亟待完善；三是本书所提出的创新自主更新模式实施策略尚处于理论阶段，仍需通过后续的实证研究与应用研究，进一步检验其科学性和可操作性。

在未来的研究中，希望能进一步深化探索以上问题，将改拆结合模式下的自主更新研究作进一步的丰富与完善，以期为中国城市更新建设建言献策。

附录1 业主授权自主更新委员会委托书

根据××文件等有关规定，为了更好地维护业主的合法权益，推动本小区实现自主更新改造，现就有关本小区自主更新统筹协调事宜，授权自主更新委员会代表全体业主进行处理。特此委托如下：

一、委托事项

1. 本小区内与公共利益有关的自主更新事务，包括征集居民更新意愿，协调居民内部意见，房产估价、前期勘察等第三方机构初筛，以及建设企业的初筛和监督。

2. 自主更新项目更新方案初步评审，包括但不限于项目设计方案、资金筹措方案、建设周期、过渡方式、选房方案、物业管理等内容。最终评审决议交由全体业主决议。

3. 其他涉及自主更新且与公共利益相关的事项。

二、授权范围

1. 自主更新委员会授权代表全体业主与建设企业进行协商、谈判，并由居民股份公司签订、修改、解除代建服务合同。

2. 自主更新委员会授权代表全体业主对建设企业进行监督、评估，并向其提出改进意见和整改要求。

3. 自主更新委员会授权代表全体业主评审项目更新方案，包括但不限于项目设计方案、资金筹措方案、建设周期、过渡方式、选房方案、物业管理等内容。

三、授权期限

本授权书自签字之日起生效，有效期为一年。期满后，如自主更新委员会需要继续授权，应重新征求全体业主意见并签署新的授权书。

四、取消授权

如所有业主统一更新意愿未达到规定要求，自主更新委员会则可向所在街道办事处（镇政府）申请注销，委托授权合同也自动失效。

五、授权条件

1. 自主更新委员会成员应当具备良好的道德品质和责任心，不得有损害业主利益的行为。

2. 自主更新委员会成员应当具备一定的工程管理或法律等知识和经验，或统筹协调能力，能够胜任相关事务的处理。

3. 自主更新委员会成员应当遵守国家的法律法规，严格按照自主更新大会议事章程规定履行职责。

六、授权方式

1. 自主更新大会会议表决通过。

2. 业主签名同意。

3. 其他合法方式。

七、授权生效

本授权书经全体业主签字同意后，即具有法律效力，自主更新委员会应按照本授权书的规定，代表全体业主处理授权内容规定的相关事务。

八、其他事项

1. 本授权书一式两份，所有业主和自主更新委员会各执一份。

2. 本授权书未尽事宜，可由自主更新委员会与业主协商补充。

3. 本授权书如有争议，应通过友好协商解决；协商不成的，可依法向人民法院提起诉讼。

特此授权。

业主签名：

日期：

注：本授权书仅供参考，具体内容请根据实际情况和法律法规进行调整。在签署授权书前，请业主仔细阅读并充分了解授权书的内容，以确保自身权益得到有效保障。如有需要，请咨询专业律师。

附录2 自主更新委员会更新会章程

第一章 总 则

1. 本章程依据××法规制定。

2. 本自主更新委员会命名为"××市××小区自主更新委员会"（或"××市××小区××楼栋自主更新委员会"）。

3. 本委员会办公地点设于"××市××社区××楼"（由于自主更新涉及小区楼栋拆除，建议和社区设置联合办公地点）。

4. 本委员会更新范围为"××市××区××号××小区（四至界限）"。

5. 本委员会工作宗旨是推进本更新范围内自主更新实现，改善居民环境品质，维护所有产权人的公共利益。

第二章 筹建和组织架构

1. 自主更新委员会筹建方式须经所有产权人同意表决。

2. 成员组成X人，占所有产权人比例为X%，符合要求。

3. 成员资格要求和限制：

（1）优先选推自主更新委员会成员的资格要求；

（2）不得担任自主更新委员会成员的限制条件。

4. 任期及连任方式。

5. 选举规定、缺额递补方式。

6. 解任方式。

明确解任原因并应报街道办事处备查。

第三章 产权人的权利和义务

1. 更新范围内产权人应享有下列权利：

（1）出席会议、发言及表决权；

（2）选举权、被选举权；

（3）其他参加自主更新依法可享受的权利。

2. 更新范围内产权人应承担下列义务：

（1）出席会议；

（2）缴纳自主更新委员会必要的开支；

（3）遵守自主更新委员会章程、大会决议事项；

（4）配合自主更新设计规划；

（5）本项目自主更新审核通过后交付土地或建筑物；

（6）按照规定缴纳自主更新资金；

（7）其他参与自主更新依法应尽的义务。

第四章　自主更新委员会应承担的权责

1. 执行章程规定的事项。

2. 章程变更提议。

3. 自主更新规划设计方案研究拟定和执行。

4. 初步筛选建筑设计、房产评估、法律等第三方专业顾问。

5. 召开自主更新业主大会。

6. 协助统一更新意愿，依法依规协调和处理居民异议。

7. 推选自主更新项目实施主体，由达到一定比例的全体产权人同意后聘用。

8. 自主更新项目工程质量、资金、周期的监管。

9. 管理、编制和审核自主更新委员会产生的必要经费。

10. 执行全体产权人决议通过的其他事项。

第五章　资金管理

1. 自主更新委员会的经费来源可包括：小区可经营性收入、居民按照建筑面积按比例分摊、政府补助、社会团体或第三方的捐赠、其他合法收入。

2. 应该依法明确经费额度、预决算执行情况、负责审查的单位和审查方式等。

3. 经费审计报告应定期公开发布，供所有产权人查询。

第六章　解　　散

1. 明确解散事由及工作程序。

2. 解散后的经费应依法归还。

3. 所有涉及项目的资料应提交到街道办事处备查。

第七章　附　　则

1. 所有产权人，含自主更新委员会会员须共同遵守本章程，并据以执行各项权利义务。

2.本章程如有未尽事宜，应依照政府相关法律法规执行。

3.本章程条款若与相关法律法规有冲突，则无效。

4.本章程的制定须经全体产权人决议通过，并交由街道办事处核准，修改章程的程序同上。

附录3 危旧房自主更新项目居民意愿调查表

拟定××小区（××幢楼）危旧房自主更新项目

居民意愿调查表（示例）

本人姓名_____

身份证号码_____

联系电话_____

通信地址_____

为_____小区（_____幢楼）危旧房范围内的产权人，房屋产权如下：

房屋坐落			
分摊土地面积			
建筑面积		专有建筑面积	
		分摊建筑面积	
其他			

本人对于拟定_____小区（_____幢楼）危旧房自主更新项目意愿表达如下（请勾选一项）：

☐ 愿意参加自主更新，希望更新后获得相应的房屋。

☐ 不愿意参加自主更新。

所有权人：（签名并盖章）

日期：

备注：

1.非单独所有情况的房屋，须全部所有权人签名并盖章。

2.若所有权人为未成年人，须父母共同代理出具。

参 考 文 献

［1］赵展慧. 城镇老旧小区改造明确施工图［N］. 人民日报：2020-7-22（2）.

［2］张杰，王韬. 1949—1978年城市住宅规划设计思想的发展及反思［J］. 建筑学报，1999（6）.

［3］黄鹤，钱嘉宏，刘欣葵，等. 北京老旧小区更新研究［M］. 北京：中国建筑工业出版社，2021.

［4］戴亚楠. 对中国居住区外部空间形态的思考与探究［D］. 天津：天津大学，2007.

［5］崔青. 城市住宅发展探究［J］. 住宅科技，2013，33（9）：16-21.

［6］周燕珉，李佳婧. 1949年以来的中国集合住宅设计变迁［J］. 时代建筑，2020（6）：53-57.

［7］罗璇，李如如，钟碧珠，等. 回归"街坊"：居住区空间组织模式转变初探［J］. 城市规划学刊，2019（3）：96-102.

［8］深圳政府网. 内地商品房的"原点"：东湖丽苑［EB/OL］.［2023-1-10］. https：//www.sz.gov.cn/szstory/202301/content_post_10371216.html.

［9］界面新闻. 城市化进程下，一个"居者有其屋"的梦想［EB/OL］.［2023-9-7］. https：//www.jiemian.com/article/10036114.html.

［10］《城市住宅》杂志社. 建国70周年对我国住宅建设发展的感悟：访全国工程勘察设计大师赵冠谦［J］. 城市住宅，2019，26（8）：5-11.

［11］戴俭，王申. 1840—1978年我国集合住宅发展变迁［J］. 城市建筑空间，2022，29（6）：177-180，183.

［12］万勇. 上海旧区改造的历史演进、主要探索和发展导向［J］. 城市发展研究，2009，16（11）：97-101，52.

［13］中国政府网. 沪启动新一轮旧房整治"十一五"每年改造500万平方米.［EB/OL］.［2006-4-12］. https：//www.gov.cn/jrzg/2006-04/12/content_251557.htm.

［14］北京市住房和城乡建设委员会. 北京市既有建筑节能改造专项实施方案［EB/OL］.［2007-12-1］. https：//zjw.beijing.gov.cn/bjjs/gcjs/jzjnyjcjg/tzgg/356679/index.shtml.

［15］中国政府网. 2019年全面推进城镇老旧小区改造工作［EB/OL］.［2019-7-1］. https：//www.gov.cn/xinwen/2019-07/01/content_5404914.htm.

［16］中国房地产网. 老旧小区改造市场机遇与社会化资本参与困境［EB/OL］.［2019-12-22］. http：//shenzhen.creb.com.cn/cj/99889.jhtml.

［17］余旺仔，张悦. 补助结合监管：英国公共部门赋能私房业主自主更新的经验和启示［J/OL］. 国际城市规划，［2024-08-12］.

［18］李德华. 城市规划原理［M］. 3版. 北京：中国建筑工业出版社，2001：558.

［19］何兴华. 可持续发展论的内在矛盾以及规划理论的困惑：谨以此文纪念布隆特兰德报告《我们共同的未来》发表10周年［J］. 城市规划，1997（3）：48-51.

［20］高景柱. 民主与正义的良性互动：以罗尔斯为中心的分析［J］. 天津社会科学，2022（5）：

63-71.

［21］周俭. 城乡规划要强化社会公正的目标［J］. 城市规划，2016，40（2）：94-95.

［22］顾萍，尹才祥. 城市空间利益冲突治理的公正之维［J］. 湖北社会科学，2018（1）：53-58.

［23］周春山，王婕好，张国俊. 基于规划公平的共同富裕实现路径研究［J］. 规划师，2022，38
（10）：35-41.

［24］王贵美，王慧娟. 城镇老旧小区改造"新通道"研究［M］. 北京：中国建筑工业出版社，
2024.

［25］中华人民共和国中央人民政府. 中共中央办公厅 国务院办公厅印发《关于在城乡建设中加强
历史文化保护传承的意见》［EB/OL］.［2021-9-3］. https：//www.gov.cn/gongbao/content/2021/
content_5637945.htm.

［26］蔡晓月. 熊彼特式创新的经济学分析［D］. 上海：复旦大学，2007.

［27］中华人民共和国中央人民政府. 住房和城乡建设部等部门关于推动智能建造与建筑工业化协
同发展的指导意见［EB/OL］.［2020-7-3］. https：//www.gov.cn/zhengce/zhengceku/2020-07/
28/content_5530762.htm.

［28］刘珊，吕斌. "团地再生"的模式与实施绩效：中日案例的比较［J］. 现代城市研究，2019
（6）：118-127.

［29］胡嘉诚，李奕成，周建华. 基于"事业伙伴"的日本团地再生策略、方法探究：以云雀之丘
团地为例［J］. 装饰，2021（11）：39-44.

［30］安德鲁·塔隆（Andrew Tallon）. 英国城市更新［M］. 杨帆，译. 上海：同济大学出版社，
2017.

［31］李昂轩. 英国城市更新的进程对我国的启示［J］. 特区经济，2019（3）：101-103.

［32］赵凯茜，李翅. 可持续发展下的社区更新：英国的经验与启示［C］//中国城市规划学会. 人
民城市，规划赋能：2022中国城市规划年会论文集（02城市更新）.［出版者不详］，2023：12.

［33］陈云凤，李玲玲，王才强. 新加坡社区"原居安老"支持性环境的构建、分析及启示［J］.
上海城市规划，2022（2）：141-147.

［34］张威，刘佳燕，王才强. 新加坡公共住宅区更新改造的政策体系、主要策略与经验启示［J］.
国际城市规划，2022，37（6）：76-87.

［35］郭湘闽，冀萱，王冬雪，等. 产权多元化背景下台湾都市更新中的权利变换制度及其启示
［J］. 国际城市规划，2020，35（3）：119-127.

［36］严若谷，闫小培，周素红. 台湾城市更新单元规划和启示［J］. 国际城市规划，2012，27（1）：
99-105.

［37］澎湃新闻. 城市案例|台北是怎么保护历史街区的［EB/OL］.［2014-9-15］. https：//www.
thepaper.cn/newsDetail_forward_1267177.

［38］武汉地方志. 硚口区房地产志 专记-常码头住宅合作社［EB/OL］. http：//szfzg.wuhan.gov.cn/
book/dfz/bookread/id/1075/category_id/411083.html.

［39］林克叡. 民间中小规模自主更新住宅改建初探：非要都更不可吗？［D］. 台北：台湾大学，
2012.

［40］苏瑛敏. 浅谈民众自理更新公私协力之议题与策略［J］. 中华技术，2011，4（90）：72-74，76-79.

［41］俞祖成，黄佳陈. 城市社区治理的困境：居民权利与义务的失衡：基于上海社区田野调查的思考［J］. 上海大学学报（社会科学版），2021，38（5）：56-67.

［42］俞祖成，丁柯尹. 论社区居民的权利与义务关系：基于上海社区治理实践的观察［J］. 上海大学学报（社会科学版），2023，40（5）：1-10.

［43］凌维慈. 城市更新中原住居民的法律地位及权益实现机制［J］. 浙江学刊，2024（6）：146-156.

［44］朱敬，陈栋. 自主更新与危房解危［EB/OL］.［2024-7-8］. https://mp.weixin.qq.com/s/hMzT3nPT06siouTpy9sPUg.

［45］吴高臣. 老旧小区产权结构研究［J］. 中国房地产，2013（22）：56-61.

［46］谢海生. 老旧小区有机更新权责划分和资金筹措机制［J］. 中国房地产，2016（36）：70-77.

［47］中国政府网. 中华人民共和国民法典［EB/OL］.［2020-6-1］. https://www.gov.cn/xinwen/2020-06/01/content_5516649.htm.

［48］赵延军. 采暖区既有商品住宅建筑节能改造的决策模式与方法研究［D］. 西安：西安建筑科技大学，2018.

［49］涂瀚云，简博秀. 民间团体与社区营造：以台北市关渡平原小区为例［J］. 上海城市规划，2023（1）：96-100.

［50］上海市人民政府发展研究中心. 上海实施容积率奖励、转移面临的难点和对策［EB/OL］.［2019-9-9］. http://www.fzzx.sh.gov.cn/qkcg_2019/20190909/0053-10361.html.

［51］中国政府网. 自然资源部办公厅关于印发《支持城市更新的规划与土地政策指引（2023版）》的通知（自然资办发〔2023〕47号）.［EB/OL］.［2023-11-10］. https://www.gov.cn/zhengce/zhengceku/202311/content_6916516.htm.

［52］中华人民共和国自然资源部. 自然资源部办公厅关于进一步加强规划土地政策支持老旧小区改造更新工作的通知［EB/OL］.［2024-5-24］. https://m.mnr.gov.cn/tzggxcx/202406/t20240613_2847990.html.

［53］新华社. 全国城市更新项目累计完成投资2.6万亿元［EB/OL］.［2024-7-19］. https://www.gov.cn/lianbo/bumen/202407/content_6963597.htm.

［54］春燕. 东京城市创新建设中的容积率管理方式与特点［J］. 城市发展研究，2014，21（10）：43-48.

［55］深圳市城市规划学协会. 丁致成：台湾地区的城市更新理念借鉴［EB/OL］.［2016-6-30］. https://mp.weixin.qq.com/s/TQGK_63GGe304SWu32NTrQ.

［56］中国政府网. 关于保障性住房有关税费政策的公告［EB/OL］.［2023-9-28］. https://www.gov.cn/zhengce/zhengceku/202309/content_6907006.htm.

［57］北京市人民政府. 服务老旧小区 养老家政机构可减免税费［EB/OL］.［2020-12-12］. https://www.beijing.gov.cn/ywdt/gzdt/202012/t20201212_2162926.html.